Adobe Illustrator
官方认证标准教材

主 编◎周冠中 张 超 訾舒丹 张心春

清华大学出版社

北 京

内 容 简 介

　　本书是 Adobe 系列中的 Illustrator 分册。本书共分为 14 章，内容包括软件概述、新手入门、选择与编辑对象、使用形状工具绘图、编辑路径与创建形状、变换与扭曲对象、使用绘图工具绘制图形、使用颜色的技巧、文字编辑与设计、使用图层、神奇的混合工具、卓越的立体效果、绘制扁平化风格插画，以及将 Adobe Illustrator 软件与 Photoshop 软件相结合设计 LOGO（商标 / 徽标）与相关衍生品。本书以丰富的案例为主导，将软件功能进行抽丝剥茧的拆解与讲述，通过实践来引导读者对理论知识与软件操作的掌握。案例的难度由浅入深，适合各类读者学习与参考。

图书在版编目（CIP）数据

Adobe Illustrator 官方认证标准教材 / 周冠中等主编 . —北京：清华大学出版社，2022.7
Adobe 官方认证标准教材
ISBN 978-7-302-59484-0

Ⅰ . ① A… 　Ⅱ . ①周… 　Ⅲ . ①图形软件—教材 　Ⅳ . ① TP391.412

中国版本图书馆 CIP 数据核字（2021）第 231637 号

责任编辑：贾小红
封面设计：姜 龙
版式设计：文森时代
责任校对：马军令
责任印制：丛怀宇

出版发行：清华大学出版社
　　　　　网　　　　址：http://www.tup.com.cn，http://www.wqbook.com
　　　　　地　　　　址：北京清华大学学研大厦 A 座　　　　邮　　编：100084
　　　　　社 总 机：010-83470000　　　　邮　　购：010-62786544
　　　　　投稿与读者服务：010-62776969，c-service@tup.tsinghua.edu.cn
　　　　　质量反馈：010-62772015，zhiliang@tup.tsinghua.edu.cn
印 装 者：三河市龙大印装有限公司
经　　销：全国新华书店
开　　本：185mm×260mm　　　印　　张：18.25　　　字　　数：455 千字
版　　次：2022 年 8 月第 1 版　　　印　　次：2022 年 8 月第 1 次印刷
定　　价：89.80 元

产品编号：091045-01

▶ 丛书序

Adobe Certified Professional 国际认证（www.adobeacp.com）由 Adobe 全球 CEO 签发，是面向设计师、学生、教师及企业技能岗位的国际认证及考核测评体系，Adobe Certified Professional 国际认证基于 Adobe 核心技术及岗位实际应用操作能力的测评体系及标准得到国际 ISTE 协会的认证，并在全球 148 个国家推广，深受国际认可。

Adobe Certified Professional 国际认证体系自进入中国以来得到广大的行业及用户认可，被国内众多知名 IT 培训机构及院校，作为视觉设计、平面设计等数字媒体专业的培训及技能测评考核的依据及标准。

Adobe Certified Professional 世界大赛（Adobe Certified Professional World Championship）是一项在创意领域，面向全世界 13～22 岁青年群体的重大竞赛活动，赛事每年举办一届，自 2013 年举办以来，已成功举办 9 届，每年 Adobe Certified Professional 世界大赛吸引超过 70 个国家和地区及 30 余万名参赛者。

Adobe Certified Professional 世界大赛中国赛区由 Adobe Certified Professional 中国运营管理中心主办，通过赛事的组织为创意设计领域和艺术、视觉设计等专业的青少年群体提供学术技能竞技、展现作品平台和职业发展的机会。

经过精心策划，通过清华大学出版社、文森时代科技有限公司和我中心通力合作，形成了这套 Adobe Certified Professional 标准教材系列丛书及配套课程视频，助力数字传媒专业建设和社会相关人员培养。

文森时代科技有限公司是清华大学出版社第六事业部的文稿与数字媒体生产加工中心，同时"清大文森学堂"是一个在线开放型教育平台，开设了各类直播课堂辅导，为高校师生和社会读者提供服务。

非常感谢清华大学出版社及文森时代科技有限公司组织创作的 Adobe Certified Professional 标准教材系列丛书及配套课程视频。

上海恒利联创信息技术有限公司
Adobe Certified Professional 中国运营管理中心 CEO
李强勇

Adobe Illustrator 是符合设计行业标准的矢量图形软件，它所涵盖的设计领域非常广泛，从 Web 和移动端图形界面，到 LOGO、字体、书籍插画、产品包装、平面广告等均有涉猎。无论读者是艺术专业的在读学生，还是职场耕耘多年的设计师、插画师、美工，或者是资深艺术与设计爱好者，Adobe Illustrator 都可以为其提供符合需求的专业级设计服务。

诚然，Adobe Illustrator 2020 所囊括的设计领域堪称广泛，但值得注意的是，从 Illustrator 的字面意思来理解，它有插画师和插画家之意。在 Adobe 官网的功能介绍中，Adobe Illustrator 的定位是矢量图形与插画。这就意味着，在该软件所涵盖的诸多设计领域中，插画是至关重要的一部分，它的重要性不言而喻。事实上，也确实如此。当我们进行平面广告设计、LOGO 设计、书籍装帧设计、产品包装设计、UI 设计时，都会用到插画的功能。有鉴于此，在本书的设计框架中，与插画有关的案例所占比例会相对较高，甚至从二维图形到三维立体图形都有涉及。从这个角度讲，本书不仅是一本软件的操作指南，也是零基础读者学习矢量插画的学习用书。

全书内容共分为 14 章。第 1 章是软件概述，首先对 Adobe Illustrator 进行溯源，介绍这款在设计界具有里程碑意义的软件的前世今生，然后详细阐述了软件的最新版本所带来的全新功能，以及软件的应用领域。第 2 章是新手入门，主要讲解关于软件的基础知识，包括图像的基本知识、了解工作区、文件的新建、置入与保存、画板的管理、辅助工具的使用，以及快捷键的详解等。第 3 章是选择图稿的技巧，通过选择对象、编组对象、对齐对象与排列对象来设计主题海报。第 4 章是图形工具的介绍，分别使用矩形工具、圆角矩形工具、椭圆工具、多边形工具与星形工具绘制丰富多彩的图形。第 5 章是编辑路径与创建形状，这里介绍了 3 种操作技巧。其一，使用剪刀工具、美工刀工具、橡皮擦工具等进行 LOGO 的优化。其二，使用路径查找器工具绘制插画。其三，使用图像描摹将位图转为矢量图。第 6 章是变换与扭曲对象，学习使用相关工具绘制图形的技巧。第 7 章是绘图工具的讲解，使用钢笔工具与铅笔工具进行配合，绘制具有创意的插画海报。第 8 章是使用颜色的技巧，分别介绍了使用平面颜色与渐变颜色的方法，也给初学者提供了简单好用的配色思路。第 9 章是文字编辑与设计，主要讲解文字排版与字体设计的技巧。第 10 章是使用图层组织图稿，学习有关图层的知识。第 11 章是神奇的混合工具，使用该工具的不同功能可以绘制插画、设计字体与海报。第 12 章是卓越的立体效果，为了满足用户对于三维空间绘图的需求，随着软件版本的不断升级，Adobe Illustrator 软件在呈现立体效果上有了质的飞跃，它的 3D 功能可以支持高仿真立体图形的绘制。此外，我们还可以通过透视网格工具、混合工具、封套扭曲工具来设计具有立体感的图形。第 13 章是以人物照片为基础绘制扁平化风格插画，作为设计界最新的流行趋势，该风格值得引起我们的关注。本章介绍了使用图形工具、钢笔工具、实时上色工具在扁平化风格插画中的应用。第 14 章是结合 AI 软件与 PS 软件设计 LOGO 及相关衍生品。

为方便读者更好更快地学习本书，在"清大文森学堂"提供了辅助学习视频。"清大文森学堂"是 Adobe Certified Professional 中国运营管理中心教材的合作方，可以为读者提供 Adobe Certified Professional 考试认证服务，帮助获得 Adobe Certified Professional 国际认证证书。读者扫描下方左侧二维码即可观看本书配套视频，扫描下方右侧二维码可以进入考试报名页面。读者在"清大文森学堂"可以认识诸多良师益友，让学习之路不再孤单。同时，还可以获取更多实用的教程、插件、模板等资源，福利多多，干货满满，期待你的加入。

本书配套视频

扫码报名考试

本书经过精心的构思与设计，便于读者根据自己的情况翻阅学习。以案例为先导，推动读者熟悉和掌握软件操作是本书的创作出发点。如果读者是初学者，则可以循序渐进地通过精彩的案例实践，掌握软件操作的基础知识；如果读者是有一定使用 Adobe 设计软件经验的用户，也将会在书中涉及的高级功能中获取新知，包括软件最新版本的使用技巧与操作提示，以及矢量插画的多重攻略。本书不仅在书中提供了完成特定项目的具体步骤，还为读者预留了探索与实验的空间，引导大家举一反三。读者可以从头至尾按顺序通读全书，也可以根据个人兴趣和需求阅读相关的章节。

编者

第 14 章　将 AI 软件与 PS 软件相结合设计 LOGO　253

附录　275

Ai

第 1 章 ——————

软件概述

1.1　Illustrator 软件溯源

　　Illustrator 是一款用于出版、多媒体及在线图像处理的插件软件。作为一款非常优秀的矢量图形处理工具，Illustrator 在印刷出版、海报、书籍排版、专业插画、多媒体图像处理和网页制作等领域大显身手，它可以为线稿提供较高的精度和控制，适合生产任何小型到大型的复杂设计项目。Illustrator 启动界面如图 1-1 所示。

图 1-1

　　Illustrator 是 Adobe 系统公司推出的一款基于矢量的图形制作软件，最初是 1986 年为苹果公司的麦金塔（Macintosh，简称 Mac）电脑设计开发的，于 1987 年 1 月发布，在此之前它只是 Adobe 内部的字体开发和 PostScript 编辑软件。

　　1987 年，Adobe 公司推出了 Illustrator 1.1 版本，其特征是包含一张录像带，内容是 Adobe 创始人约翰·沃尔诺克对软件特征的宣传，在此之后的一个版本称为 88 版，因为发行时间是 1988 年。

　　1988 年，Adobe 发布了 Illustrator 1.9.5 日文版，这个时期的 Illustrator 给人的印象只是一个描图的工具，画面显示也不是很好。不过，令人欣喜的是它拥有曲线工具了。

　　1988 年，Adobe 在 Windows 平台上推出了 Illustrator 2.0 版本。而 Illustrator 真正起步应该是在 1988 年，在 Mac 系统上推出的 Illustrator 88 版本，该版本是 Illustrator 的第一个视窗系统版本，但很不成功。

　　1989 年，在 Mac 上升级到 Adobe Illustrator 3.0 版本，并在 1991 年移植到了 UNIX 平台上。该版本注重加强了文本排版功能，包括"沿曲线排列文本"功能。也就在这时，Aldus 公司开发了 Mac 系统版本的 Macromedia FreeHand，拥有更简易的曲线功能和更复杂的界面，带有渐变填充功能。在此之后，FreeHand 与 Illustrator、PageMaker 和 QuarkXPress 成为了桌面出版商必备的"四大件"。而对于 Illustrator，用户期待最大的"真混合渐变填充"功能直到多年以后的 Illustrator 5 才得以实现。

1990 年，Adobe 发布 Adobe Illustrator 3.2 日文版，从这个版本开始，文字终于可以转化为曲线了，Illustrator 被广泛普及应用于 LOGO（商标 / 徽标）设计。

1992 年，Adobe 发布了最早在 PC（个人计算机）平台上运行的 Adobe Illustrator 4.0 版本，该版本也是最早的日文移植版本。在该版本中，Illustrator 第一次支持预览模式，由于该版本使用了 Dan Clark 的 Anti-alias（抗锯齿显示）显示引擎，使得原本一直是锯齿的矢量图形在图形显示效果上有了质的飞跃。同时又在界面上做了重大的变革，风格和 Photoshop 极为相似，所以对于 Adobe 的老用户来说相当容易上手，没多久就风靡出版业，很快也推出了日文版。

1992 年，Adobe 发布 Adobe Illustrator 5.0 版本，在该版本中西文的 TrueType 文字可以曲线化，日文汉字却不行，后期添加了 Adobe Dimensions 2.0 J 特性弥补了这一缺陷，可以通过它来转曲。

1993 年，Adobe 发布 Adobe Illustrator 5.0 日文版，Macintosh 附带系统盘内的日文 TrueType 字体实现了转曲功能。

1994 年，Adobe 发布 Adobe Illustrator 5.5 版本，该版本加强了文字编辑的功能，显示出 Illustrator 的强大魅力。

1996 年，Adobe 发布 Adobe Illustrator 6.0 版本，该版本在路径编辑上做了一些改变，主要是为了和 Photoshop 统一，但导致一些用户的不满，一直拒绝升级，Illustrator 同时也开始支持 TrueType 字体，从而引发了 PostScript Type 1 和 TrueType 之间的"字体大战"。

1997 年，Adobe 同时在 Mac 和 Windows 平台推出 Adobe Illustrator 7.0 版本，使两个平台实现了相同功能，设计师们开始向 Illustrator 靠拢，新功能有"变形面板""对齐面板""形状工具"等，并有完善的 PostScript 页面描述语言，使得页面中的文字和图形的质量再次得到了飞跃。同时凭借着和 Photoshop 良好的互换性，赢得了很好的声誉，唯一遗憾的是 7.0 版本对中文的支持极差。

1998 年，Adobe 发布 Adobe Illustrator 8.0，该版本的新功能有"动态混合""笔刷""渐变网络"等，这个版本运行稳定，时隔多年后仍有广大用户使用。

2000 年，Adobe 发布 Adobe Illustrator 9.0，该版本的新功能有"透明效果""保存 Web 格式""外观"等，但是在实际使用中，透明功能却经常带来麻烦，导致很多用户仍使用 8.0 版本而不升级。

2001 年，Adobe 发布 Adobe Illustrator 10.0，该版本是在 Mac OS 9 上能运行的最高版本，主要新功能有"封套""符号""切片"等。"切片"功能的增加，可以实现将图形分割成小 GIF 或 JEPG 文件，是出于对网络图像的支持。后期被纳入 Creative Suite 套装后不用数字编号，而改称 CS 版本，并同时拥有 Mac OS X 和微软 Windows 操作系统两个支持版本。维纳斯的头像从 Illustrator CS（实质版本号 11.0）被更新为一朵艺术化的花朵，增加创意软件的自然效果。CS 版本新增功能有新的文本引擎（对 OpenType 的支持），"3D 效果"等。

2002 年，Adobe 发布 Adobe Illustrator CS。

2003 年，Adobe 发布 Adobe Illustrator CS2，即 12.0 版本，主要新增功能有"动态描摹""动态上色""控制面板"和自定义工作空间等，在界面上和 Photoshop 达到了统一。"动态描摹"可以将位图图像转换为矢量图像，"动态上色"可以让用户更灵活地给复杂对象区域上色。

2007 年，Adobe 发布 Adobe Illustrator CS3，新版本新增功能有"动态色彩面板"和与 Flash 的整合等。另外，新增加裁剪和橡皮擦工具。

2008 年 9 月，Adobe 发布 Adobe Illustrator CS4，新版本新增了斑点画笔工具、渐变透明效果、椭圆渐变，支持多个画板、显示渐变、面板内外观编辑、色盲人士工作区、多页输出、分色预览、出血支持以及用于 Web、视频和移动的多个画板。CS4 的启动界面仍以简约为主，相对于 CS3 版本来说，橙黄变成了金黄的颜色，AI 的标志也变成了半透明的黑色，给人一种凹陷下去的感觉。

2010 年，Adobe 发布 Adobe Illustrator CS5，该版本新增的功能可以在透视中实现精准的绘图、创建宽度可变的描边、使用逼真的画笔上色，充分利用与新的 Adobe CS Live 在线服务的集成。Illustrator CS5 具有完全控制宽度可变、沿路径缩放的描边、箭头、虚线和艺术画笔功能。无须访问多个工具和面板，就可以在画板上直观地合并、编辑和填充形状。Illustrator CS5 还能处理一个文件中最多 100 个不同大小的画板，并且按照意愿组织和查看它们。Illustrator 软件图标如图 1-2 所示。

图 1-2

2012 年，Adobe 发行 Adobe Illustrator CS6，该版本包括新的 Adobe Mercury Performance System，该系统具有 Mac OS 和 Windows 的本地 64 位支持，可选择打开、保存和导出大文件以及预览复杂设计等任务。支持 64 位的好处是，软件可以有更大的内存支持，运算能力更强。同时，还新增了一些功能和对原有的功能进行增强。全新的图像描摹，利用全新的描摹引擎将栅格图像转换为可编辑的矢量图。无须使用复杂控件即可获得清晰的线条、精确的拟合及期望的效果。新增的高效、灵活的界面，借助简化的界面，减少了完成日常任务所需的步骤。体验图层名称的内联编辑、精确的颜色取样以及可配合其他 Adobe 工具顺畅调节亮度的 UI。还有高斯模糊增强功能、颜色面板增强功能、变换面板增强功能和控制面板增强功能等。

2013 年，Adobe 发布 Adobe Illustrator CC，该版本主要的改变包括触控文字工具、以影像为笔刷、字体搜寻、同步设定、多个档案位置、CSS 摘取、同步色彩、区域和点状文字转换、用笔刷自动制作角位的样式和创作时自由转换。以较快的速度和稳定性处理最复杂的图稿。全新的 CC 版本增加了可变宽度笔触、针对 Web 和移动的改进，增加了多个画板、触摸式创意工具等新鲜特性。使用全新的 Illustrator CC，你可以享用云端同步及快速分享你的设计。

2014 年，Adobe 发布 Adobe Illustrator CC 2014，此次发布了大批新品，包括桌面设计软件、移动应用甚至硬件产品。Adobe Creative Cloud 设计套件中的组件全线更新，其中的矢量图形绘制软件 Illustrator CC 2014 是用户广泛的重要设计工具，值得关注。这次的 Illustrator CC 2014 新版本增加了动态形状、钢笔工具预览、锚点增强、Typekit 搜索桌面缺失字体等新特性和新功能。

2015 年，Adobe 发布 Adobe Illustrator CC 2015，简称 Illustrator CC 2015。Illustrator CC 2015 有 64 位的版本和 32 位的版本。在新功能中用户可以超过 10 倍的速度更快地平移、缩放

及卷动且更顺畅，而且不用缓慢的逐步变更。该版本支持更高的缩放比率，可以放大用户的图稿高达 64000%。支持文件安全与恢复，当用户忘了储存，只要重新启动软件，文件就会修复。同时，新功能还包括全新形状建立程序工具的任意形状合并/去除模式、曲线工具更新可进行更具弹性的绘图、触控工作区的多项增强功能等。

2016 年，Adobe 发布 Adobe Illustrator CC 2016，该版本呈现了全新的用户界面，该界面直观、时尚且悦目。工具和面板换了新的图标。可以自定义界面，以充分展示为了提供最佳用户体验而设计的 4 个可用颜色选项：深色、中等深色、中等浅色、浅色。使用占位符文本填充文字对象可帮助更好地可视化设计。现在，Illustrator 在默认情况下会自动用占位符文本填充使用文字工具创建的新对象。占位符文本将保留对之前的文字对象所应用的字体和大小，将受支持文件中的文本直接放置在对象（如形状）中。用户可以放置 .txt 或 .rtf 格式的文件或来自文字处理应用程序的文件中的文本。例如，可将 .rtf 文件中的文本放置到一个多边形形状中。

2017 年，Adobe 发布 Adobe Illustrator CC 2017，该版本增加增强了图形裁剪、快速创意项目启动、占位符文本填充等功能。

2018 年，Adobe 发布 Adobe Illustrator CC 2018，该版本中有了全新的中文界面和众多实用功能，新的智能"属性"和全新的字体支持让设计人员和艺术家可以更好地组合自己的设计创作作品。

2020 年，Adobe 发布 Adobe Illustrator CC 2020，该版本新增了简化路径、自定拼写检查、后台保存导出、效果增强等功能，本书专门针对 2020 版给大家做详细讲解。

1.2 Adobe Illustrator 2020 新功能

1.2.1 路径简化

在编辑具有许多锚点的复杂图稿时遇到问题，使用 Illustrator 中的"简化路径"功能可以解决与编辑复杂路径有关的问题。

简化路径功能可以帮助你删除不必要的锚点，并为复杂图稿生成简化的最佳路径，而且不会对原始路径形状进行任何重大更改。

简化路径具有以下好处。

（1）简化路径编辑工作且提高准确性。

（2）减小文件大小。

（3）可更快地显示和打印文件。

何时需要简化路径？

（1）在使用图像描摹时，要删除跟踪路径中的瑕疵。

（2）仅需要编辑复杂图稿的一部分，并要在选定图稿区域中创建尖锐或光滑的路径。

（3）在 Illustrator 中使用变量宽度工具扩展形状时，要减少锚点的数量。

（4）需要编辑使用移动应用程序进行绘图、绘画或草绘，然后在 Illustrator 中导入的图稿。如图 1-3 所示，A 为原始图像，B 为描摹或导入后的图像（锚点数量最多），C 为简化路径后的图像。

图 1-3

简化路径又有自动简化路径、手动简化路径等选择，同时还有高级简化控件，功能强大。

1.2.2　多点渐变

Illustrator 在径向渐变和线性渐变类型之外，新增了一个任意形状渐变的类型，它提供了新的颜色混合功能，可以创建更自然、更丰富、更逼真的渐变效果。

任意形状渐变有两种模式：点模式和线模式。二者都可以在任意位置添加色标，以及移动和更改色标的颜色，Illustrator 会自动进行混色，将渐变平滑地应用于对象。

两种渐变模式介绍如下。

■ **点**：在对象中作为独立点创建色标，通过控制点的位置和范围圈大小来调整渐变颜色的显示区域，如图 1-4 所示。在空白处单击即可新增点，选中点后按 Delete 键即可删除点，选中点按 Alt 键是切换为尖角/圆角，如图 1-5 所示。

图 1-4

■ **线**：在对象中以线段或者曲线的方式创建色标。线模式类似贝塞尔路径，可以是闭合的，也可以是一段开放路径。

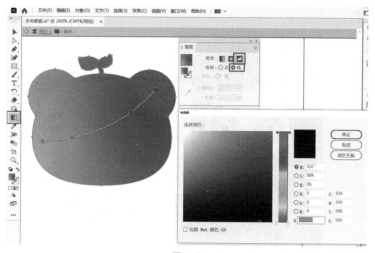

图 1-5

Illustrator 的渐变工具可以单独取色，双击点，即可调出调色面板，通过 3 种方式调整颜色。一是在颜色面板中调整色值；二是在色板中直接调用已存储的颜色；三是在吸管中吸取任意颜色，如图 1-6 所示。

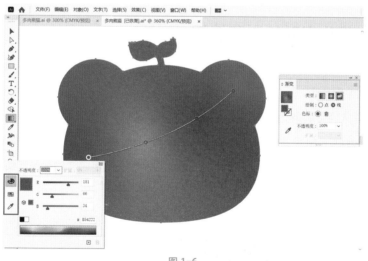

图 1-6

1.2.3　快速呈现效果与快速存储

如果希望在对图像和对象应用 Illustrator 效果时，性能会有所改善，那么你将如愿以偿，因为此版本在选择模糊、投影、内发光和外发光效果时，可以更快速地应用这些效果，如图 1-7 所示。

另外，此版本在保存和导出 Illustrator 文件时，会在后台运行，不再需要等待存储和导出过程完成，你可以继续处理图稿。这些流程完成后，Illustrator 会通知你。如果需要，那么你还可以通过单击"查看进度"按钮来查看进度。

图 1-7

1.2.4　优化实时绘制和编辑

使用实时绘制和编辑功能,对象的缩放和应用于对象的效果将不再显示为轮廓,在你工作时,这些任务将得到全面呈现。

设置如下首选项可启用此功能。

- **Windows OS:**执行"编辑→首选项→性能"命令,启用"实时绘制和编辑"功能。
- **Mac OS:**执行"Illustrator →首选项→性能"命令,启用"实时绘制和编辑"功能。

实时绘制和编辑界面如图 1-8 所示。

图 1-8

通过启用实时绘制和编辑功能，可增强图稿绘制和编辑体验。

通过实时对象绘制和编辑功能，可在处理对象时实时显示对象的外观。当缩放对象或为对象应用效果时，相关任务不会出现延迟，能够充分渲染所选择的操作。

另外，只有在启用了 GPU 预览模式的情况下，才能体验这种实时显示对象外观的功能，如图 1-9 所示。

开启前　　　　　　　　　　　　　　　　　开启后

图 1-9

在禁用实时绘制功能后，当拖动对象时只会移动定界框，只有在释放鼠标按键后，才会移动对象。

Tips:
如果 Illustrator 在实时渲染对象时检测到任何性能问题，将会自动更改为非实时体验。

1.2.5　增强自由扭曲

使用"自由扭曲"功能，可以通过定界框自由地修改形状，并且可以无缝编辑对象，而无须进行任何重置，如图 1-10 所示。

图 1-10

1.2.6　优化剪切与复制画板

现在，你可以在不同的打开文档之间复制并粘贴整个画板。可选择以下选项之一，在两个已打开的文档之间拖放画板。

（1）执行"编辑"菜单中的"剪切""复制""粘贴"命令，或使用组合键，可以将画板复制并粘贴到相同或不同的文档中，如图 1-11 所示。

图 1-11

（2）使用"画板"工具选择一个或多个画板，然后选择下列操作之一。

■ 执行"编辑→剪切"或"编辑→复制"命令，然后执行"编辑→粘贴"命令。

■ 使用组合键实现"剪切""复制""粘贴"功能。组合键如表 1-1 所示。

表 1-1

操　作	Windows OS	Mac OS
剪切	Ctrl + X	Command + X
复制	Ctrl + C	Command + C
粘贴	Ctrl + V	Command + V

在复制画板时,该画板会粘贴到活动画板行中的最后一个画板之后,如果活动行中没有空格,画板将移至下一行。

Tips:
当剪切和复制画板时，"高级粘贴"选项将被禁用。

要在同一文档中移动画板或跨文档移动画板，请选择下列操作之一。

■ 选择"画板"工具，然后在两个已打开文档之间拖放画板。

■ 在"属性"面板或"控制"面板中更改 X 值和 Y 值。

1.2.7 丰富入门资源

为了提供丰富的学习体验并帮助用户快速开始使用 Illustrator，在 Illustrator 的"主页和学习"选项卡中提供了各种资源，包括文档预设、引导式教程等。在主屏幕中，还可以提前预览最新版应用程序中发布的主要新功能和各种教程，可帮助用户快速学习并了解概念、工作流程、提示和技巧。

屏幕左侧的学习按钮可打开 Illustrator 中的基础和高级教程列表，以开始使用该应用程序，如图 1-12 所示。

图 1-12

1.3 Adobe Illustator 2020 应用领域

Illustrotor 顾名思义就是插画家，所以该软件主要用于制作插画，后来升级为矢量图制作软件，Illustrotor 进入了多方视野，其应用的方向有了更广的范围，常见的有商业插画、LOGO、字体、标志、包装、海报、画册，以及 UI（用户界面）等。

1.3.1 插画设计

插画的应用主要包括从资讯类插画、出版插画、企业及广告插画到轻娱乐产业中的插画，是一种重要的视觉传达形式。使用 Illustrotor 绘制的矢量插画色彩丰富、线条流畅，特别适合制作企业及广告插画。一些插画效果如图 1-13 和图 1-14 所示。

图 1-13

图 1-14

1.3.2　字体设计

字体设计是指对文字按视觉设计规律加以整体的精心安排，是人类生产与实践的产物，是随着人类文明的发展而逐步成熟的。在设计中常见的字体设计分为字体标志、标准字设计、创意字体设计等，如图 1-15 和图 1-16 所示。

图 1-15

图 1-16

1.3.3　标志设计

标志设计是品牌形象设计的最核心部分，又称标识设计，英文称 LOGO 设计，是单位机构品牌形象的重要识别符号，使用范围及场景十分广泛。Illustrator 作为一个矢量图形制作软件，制作的标志图形能完美地满足标志设计后期的使用需要，是标志设计中使用最多的软件之一。如图 1-17 和图 1-18 所示为使用 Illustrator 制作的标志图。

图 1-17

图 1-18

1.3.4　平面广告设计

平面广告设计是利用视觉元素（文字、图片等）来传播广告项目的设想和计划，并通过视觉元素向目标客户表达广告主的诉求点。平面广告设计的好坏除了灵感的运用之外，更重要的是是否准确地将诉求点表达出来，是否符合传播需要。如图 1-19 所示为平面广告设计图样例。

图 1-19

1.3.5　书籍装帧设计

书籍装帧设计是书籍造型设计的总称，一般包括纸张、封面材料、开本、字体、字号、设计版式、装订方法和制作方法等，涵盖了材料和工艺、思想和知识、外观和内容以及局部和整体等方向的内容。随着时代的进步和印刷装订技术的发展，书籍装帧设计的质量也得到了很大的改善。如图 1-20 所示为书籍设计图样例。

图 1-20

1.3.6 包装设计

包装设计是一门综合运用自然科学和美学知识的艺术设计，为在商品流通过程中更好地保护商品，并促进商品的销售。其主要包括包装造型设计、包装结构设计以及包装装潢设计，Illustrator 在包装装潢设计中应用比较普遍。如图 1-21 所示为包装设计图样例。

图 1-21

1.3.7 UI 设计

UI 设计（或称界面设计）是指对软件的人机交互、操作逻辑、界面美观的整体设计。UI 设计分为实体 UI 和虚拟 UI，互联网常用的 UI 设计是虚拟 UI，UI 即 User Interface(用户界面) 的缩写。一个友好美观的界面会给用户带来舒适的视觉享受，拉近人与电脑的距离，为商家创造卖点。界面设计不是单纯的美术绘画，它需要定位使用者、使用环境、使用方式，并且为最终用户而设计，是纯粹的科学性的艺术设计。如图 1-22 所示为网站界面设计样例。

图 1-22

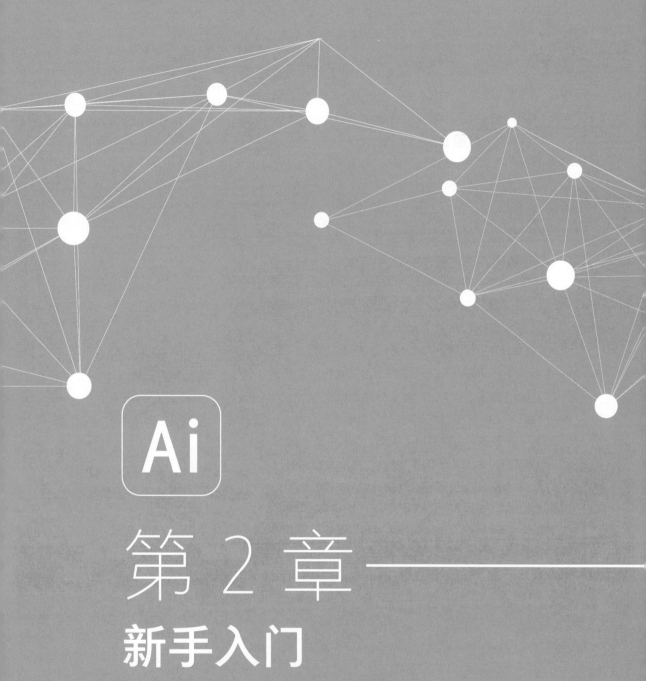

Ai

第 2 章 ——————

新手入门

2.1 图像知识

2.1.1 矢量图与位图

矢量图和位图是两种不同的图像类型。

矢量图是由矢量软件绘制出来的，与分辨率无关，进行任意的放大、缩小，不会影响图形的质量。因此无论怎样放大矢量图，它的边界明显，细节不变。另外矢量图占用的存储空间较小。

位图也称为点阵图或光栅图，位图的大小由分辨率决定，是由许多像小方块一样的"像素"组成的图形。位图能表现出颜色的丰富变化，但当图像放大到一定程度显示时，图像就会变得模糊并且边缘产生锯齿。像素决定了图像的大小，像素越多，图像越大，占用的内存空间就越大。

矢量图与位图的区别如下。

（1）分辨率不同。位图的质量是根据分辨率的大小来决定的，分辨率越大，图像的画面质量就越清晰。而矢量图在制图时没有分辨率这个概念。

（2）图片清晰度不同。位图放大之后会越来越不清晰，会出现一个个点，就像马赛克一样，图片会出现失真的效果。而矢量图即使无限放大也不会出现图像失真的效果，只是它的放大系数参数被改变而已。

（3）针对的对象不同。矢量图所针对的是一个对象，也就是一个实体，对每个对象进行编辑都不会影响到其他没有关联的对象。而位图的编辑受到限制，位图是点（像素）的排列，局部移动了或者改变了就会影响到其他部分的像素点的排列。位图与矢量图的区别如图 2-1 所示。

图 2-1

2.1.2 色彩模式

色彩模式是用数字记录图像颜色的方式，熟悉色彩模式是我们正确使用色彩的前提。常见的色彩模式有 RGB 色彩模式、CMYK 色彩模式、HSB 色彩模式、Lab 色彩模式、位图模式、灰度模式、索引颜色模式、双色调模式和多通道模式。在这里根据使用场景需要，主要讲解两个常用的使用场景色彩模式，印刷输出使用的 CMYK 色彩模式和屏幕显示的 RGB 色彩模式。

1. RGB 色彩模式

RGB 色彩模式是光的色彩加色模式，是以光学的三原色红、绿、蓝为基础建立的，通过红（R）、绿（G）、蓝（B）3 种光源色的叠加产生青、黄、白等各种各样的颜色。红（R）、绿（G）、蓝（B）3 种颜色相加可以产生白色。RGB 色彩模式常用于电子屏幕终端显示、照明景观等通过光源产生色彩变化的使用场景。RGB 色彩模式（加色模式）如图 2-2 所示。

2．CMYK 色彩模式

CMYK 色彩模式是印刷输出的减色模式，是以印刷三原色为基础建立的，和绘画的色彩原理是一致的。包括青色（C），又称为天蓝色；品红色（M），又称为洋红色；黄色（Y）；以及黑色（K），因为印刷用黑色比较多。CMYK 色彩模式（减色模式）如图 2-3 所示。

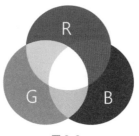

图 2-2

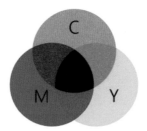

图 2-3

2.1.3　贝塞尔曲线

贝塞尔曲线也称贝兹曲线，一般的矢量图形软件通过它来精确画出曲线，贝兹曲线由线段与节点组成，节点是可拖动的支点，线段像可伸缩的皮筋。贝塞尔曲线是设计计算机图形图像造型的基本工具，是图形造型运用得最多的基本线条之一。它通过控制曲线上的 4 个点（起始点、终止点以及两个相互分离的中间点）来创造、编辑图形。其中起重要作用的是位于曲线中央的控制线。这条线是虚拟的，中间与贝塞尔曲线交叉，两端是控制端点。当移动两端的端点时贝塞尔曲线改变曲线的曲率（弯曲的程度）；当移动中间点（也就是移动虚拟的控制线）时，贝塞尔曲线在起始点和终止点锁定的情况下做均匀移动。注意，贝塞尔曲线上的所有控制点、节点均可编辑。这种"智能化"的矢量线条为艺术家提供了一种理想的图形编辑与创造的工具。贝塞尔曲线如图 2-4 所示。

图 2-4

2.2　文件操作

2.2.1　新建文件

双击 AI 图标打开 Illustrator 软件，在界面左侧单击"新建"按钮，或在上方的导航菜单中执行"文件→新建"命令，如图 2-5 和图 2-6 所示。

执行以上操作会弹出如图 2-7 所示的窗口。可双击选择最近使用过的项目；也可在窗口右侧设置"高度""宽度""出血"等参数，然后单击"创建"按钮，如图 2-7 所示。

图 2-5　　　　　　　　　　　　　　　　　图 2-6

图 2-7

2.2.2　打开与置入文件

若要打开某个文件，双击 AI 图标，打开 Illustrator 软件，在界面左侧单击"打开"按钮，如图 2-8 所示。或执行"文件→打开"命令，如图 2-9 所示。

若要置入文件，在所在的编辑界面中，执行"文件→置入"命令，即可置入所需要的文件，如图 2-10 所示。

图 2-8

图 2-9

图 2-10

2.2.3 保存文件

执行"文件→存储"命令，或者执行"文件→存储为"命令，选择想要保存的位置即可保存文件，如图 2-11 所示。

图 2-11

2.3   了解工作区

2.3.1   菜单栏

Illustrator 软件的菜单栏在整个界面的最上方，该栏包含了 Illustrator 中所有的操作命令，包括"文件""编辑""对象""文字""选择""效果""视图""窗口""帮助"等。每一个主菜单下又包含很多子菜单，如图 2-12 所示。

图 2-12

2.3.2   工具栏

Illustrator 的工具栏位于界面左侧，其中包含了大量的编辑工具。和 Photoshop 一样，工具右下角的小三角形符号代表该工具组中包含了若干个相关工具，可以直接选择工具，也可以在工具组中选择工具，如图 2-13 所示。

图 2-13

2.3.3　浮动面板

浮动面板也叫面板，是 Illustrator 中的重要组成模块，浮动面板可以从"窗口"菜单中调出来，可以把它拖动到任何地方，方便作图时的反复调用，如图 2-14 所示。

图 2-14

2.3.4　属性栏

Illustrator 软件的属性栏位于菜单栏下方，执行"窗口→控制"命令属性栏就会出现，其作用是调整对象属性，如图 2-15 所示。

图 2-15

2.3.5　切换工作区

Illustrator 提供了几个不同的工作区，默认工作区是基本功能。执行"窗口→工作区"命令，可以进行工作区切换，切换工作区后对应的属性右侧面板会根据工作区变化，如图 2-16 所示。

图 2-16

2.4 管理画板

2.4.1 新建画板

单击工具栏中的画板工具，可以新建画板。

如果想绘制一样大小的画板，在画板工具状态下，单击属性栏中的"新建画板"按钮，会直接创建一个同样大小的画板，如图 2-17 所示。

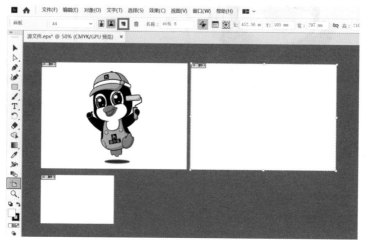

图 2-17

2.4.2 复制画板

在画板工具状态下按住 Alt 键，同时按住鼠标左键拖曳进行复制。在复制时单击属性栏中的"移动/复制带画板的内容"按钮，可带内容复制画板，反之则复制空白画板，如图 2-18 所示。

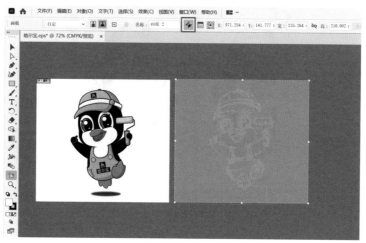

图 2-18

执行"窗口→画板"命令，在调出的"画板"面板中，选择对应画板拖动到"新建"按钮，也可选择复制画板，如图 2-19 所示。

图 2-19

2.4.3 删除画板

可以在"画板"面板中直接选中选择删除画板；也可以在画板工具状态下选中要删除的画板，按 Delete 键删除；或者单击属性栏中的"删除"按钮删除，如图 2-20 所示。

图 2-20

删除面板不会删除面板里的内容，如需删除内容，选中后按 Delete 键删除即可。

2.4.4 画板设置管理

双击工具栏画板工具可以调出"画板选项"对话框，对画板进行设置，如图 2-21 所示。

图 2-21

在画板工具状态下在属性栏中也可对画板进行设计管理，如图 2-22 所示。

图 2-22

另外，执行"窗口→画板"命令，调出"画板"面板，也可以对画板进行设置管理。

2.5　辅助工具

为方便使用者精准制图，Illustrator 提供了标尺、参考线、网格等辅助工具。

2.5.1　标尺

标尺工具可以帮助使用者精准定位和测量画面的图形对象。Illustrator 的工作界面默认是不显示标尺工具的，调出标尺工具需要执行"视图→标尺→显示标尺"命令，如图 2-23 所示，或按 Ctrl+R 组合键快速调出，如图 2-24 所示。

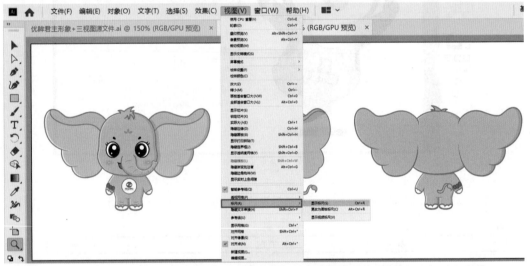

图 2-23

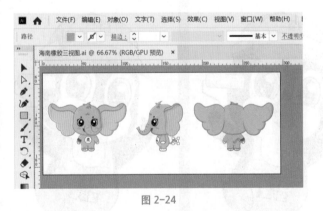

图 2-24

标尺默认为全局标尺，我们可以看到标尺 0 刻度位置和画板边缘不对应，可以通过执行"视图→标尺→更改为画板标尺"命令，把标尺的 0 刻度改为需要的画板起始点位置。画板标尺如图 2-25 所示。

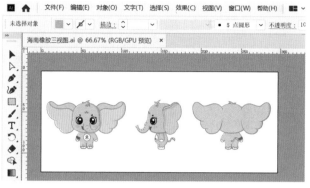

图 2-25

2.5.2 参考线

参考线在有标尺的状态下才能出现，当标尺显示后，把鼠标指针放在标尺上，按住鼠标左键拖动，即可新建参考线；同样，在显示参考线状态下，在标识相应位置上双击鼠标左键，也会在相应位置新建参考线。参考线能帮助用户对齐所设计图形内容，如图 2-26 所示。

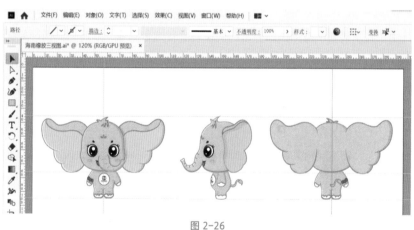

图 2-26

按住 Shift 键从标尺上拖动鼠标，拖曳出的参考线会自动对齐标尺刻度。

按住 Shift 键在标尺上双击鼠标左键，新建的参考线会自动对齐临近的标尺刻度。

执行"视图→智能参考线"命令，在移动参考线过程中，参考线会自动对齐图形对象。

如果要删除参考线，那么用选择工具选择参考线，按 Delete 键删除即可。

2.5.3 网格

在 Illustrator 中打开一个文件，执行"视图→显示网格"命令，可调出网格，如图 2-27 所示。

网格一般需要配合对齐网格使用，执行"视图→对齐网格"命令，然后再进行设计移动图形，会自动对齐网格。

图 2-27

2.5.4 图像显示比例

在设计中，经常需要调整图像的显示比例来观察和编辑图像，从而达到设计目标。

使用缩放工具可以调整视图显示比例。在工具箱选择缩放工具，在画面中单击，视图会以单击点为中心放大视图；按住 Alt 键单击，会以单击点为中心缩小视图。缩放工具如图 2-28 所示。

图 2-28

使用菜单栏命令调整视图显示比例方法如下。

- 执行"视图→放大"命令，放大视图。

- 执行"视图→缩小"命令，缩小视图。

菜单栏命令如图 2-29 所示。

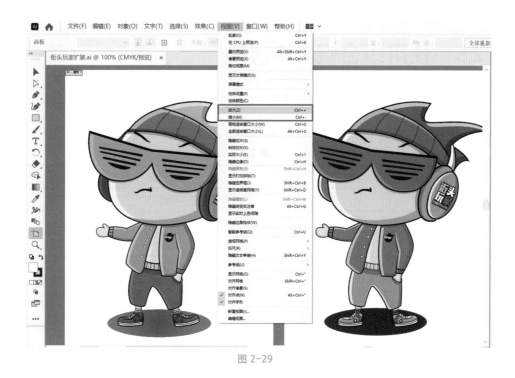

图 2-29

按住 Alt 键，滚动鼠标滚轮，可以鼠标指针为中心进行视图放大或缩小。

在状态栏的显示比例中选择对应的显示比例数据可以改变视图大小，也可自行输入比例数值进行视图调整，如图 2-30 所示。

图 2-30

2.6 使用组合键 / 快捷键

Illustrator 基本命令组合键如表 2-1 所示；工具栏常用组合键如表 2-2 所示；一些必记组合键如表 2-3 所示。

表 2-1

命 令	组合键 / 快捷键
新建	Ctrl+N
从模板新建	Shift+Ctrl+N
打开	Ctrl+O
关闭	Ctrl+W
存储	Ctrl+S
存储为	Shift+Ctrl+S
填充和描边更换位置	X
切换对象里描边和填充的颜色	Shift+X

表 2-2

工 具	组合键 / 快捷键
选择工具	V（按 Alt 键拖曳可进行复制）
直接选择工具	A（更换锚点位置、调整手柄）
魔棒工具	Y（用来选择颜色相近的形状）
套索工具	Q（可进行框选不同位置的锚点）
钢笔工具	P（按 Alt 键可切换小黑或小白）
文字工具	T
矩形工具	M（精准绘制：在画布上双击）
椭圆工具	L（按上下方向键改变半径大小，左右方向键是最小和最大半径）
画笔工具	B
铅笔工具	N
斑点画笔	Shift+B（更改笔触大小）
橡皮擦工具	Shift+E
剪刀工具	C（将线条裁开）
旋转工具	R（精准旋转：在工具上双击）
镜像工具	O
宽度工具	Shift+W
变形工具	Shift+R（按 Alt 键拖曳鼠标更换笔触大小）

续表

工 具	组合键 / 快捷键
自由变换工具	E
形状生成器	Shift+M（将分开路径进行闭合）
实时上色工具	K（连接的路径都可填颜色，对象可不统一）
实时上色选择工具	Shift+L（选择实时上色对象进行更换颜色）
透视网格工具	Shift+P
透视选区工具	Shift+V
网格工具	U（给对象添加复杂颜色）
渐变工具	G
吸管工具	I
混合工具	W（精准混合：Ctrl+Alt+B）
符号喷枪工具	Shift+S（用来制作背景特效）
柱形图工具	J
画板工具	Shift+O
切片工具	Shift+K
缩放工具	Z
比例缩放工具	S
抓手工具	H 或者空格键

表 2-3

命 令	组 合 键
锁定当前对象（先选中）	Ctrl+2
全部解锁	Ctrl+Alt+2
重复上一次操作	Ctrl+D
原位粘贴对象（粘贴在上层）	Shift+Ctrl+V 或 Ctrl+F
原位粘贴对象（粘贴在下层）	Ctrl+B
连续返回	Ctrl+Z
剪切	Ctrl+X
复制	Ctrl+C
粘贴	Ctrl+V
描边窗口	Ctrl+F10
路径查找器	Shift+Ctrl+F9
编组	Ctrl+G
解组	Shift+Ctrl+G
隐藏定界框	Shift+Ctrl+B

续表

命　令	组　合　键
颜色设置	Shift+Ctrl+K
斜切	Ctrl+ 鼠标进行拖曳（移到锚点或路径上）
行间距	Alt+ 上下方向键
字间距	Alt+ 左右方向键
文字大小	Shift+Ctrl+<>
外观	Shift+F6
显示隐藏字符	Ctrl+Alt+I

2.7　查找官方学习资源

　　Adobe Illustrator 官方提供了丰富的学习资源，可以通过软件主屏幕首页单击"学习"按钮进行学习。可以访问 Adobe 中国官方网站，在顶部导航中单击"支持→帮助中心"，在打开的页面中单击 Illustrator 标识，即可进入官方资源学习页面。

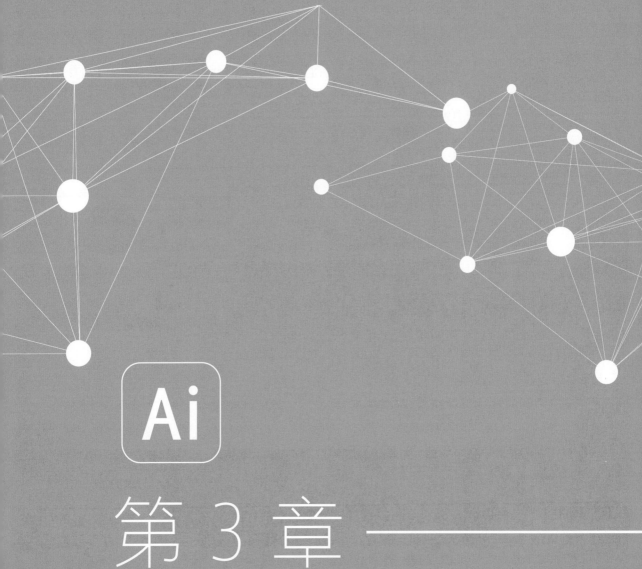

Ai

第 3 章 ——————

选择与编辑海绵宝宝
主题海报

在 Adobe 系列的设计软件的工具栏中，排在最前面的工具一般都是与选择对象有关的，这些工具是进行软件操作的基础。在组织和排列图稿时，可以使用工具准确地选择、放置和堆叠对象，也可以将多个对象进行对齐、编组、隔离、锁定以及隐藏。

在本章中，我们将学习使用与选择有关的工具，将多个对象进行排列、编组或对齐，最终设计出一张海绵宝宝的海报。在 Illustrator 软件中，选择与编辑图稿是软件操作的基础，无论是移动图形的位置，还是修改图形的尺寸、颜色等属性，第一步操作应先选择图形对象，本章将向大家讲解相关知识。

3.1　课程准备

（1）启动 Adobe Illustrator 软件。

（2）执行"文件→打开"命令，打开素材文件，如图 3-1 所示。

（3）执行"视图→画板适合窗口大小"命令，调整适合屏幕预览的图像显示比例。

图 3-1

> Tips：
> 调整画板适合窗口大小，还可以通过双击工具箱中的抓手工具（🖐）来实现，操作更加便捷。

3.2　选择对象

在 Illustrator 软件中，选择与编辑对象的常用工具为选择工具，它可分为选择工具（▶）与直接选择工具（▷）。前者为黑色箭头，多用于整体对象的选择；后者为白色箭头，便于局部对象的选择，也可以调整图形的锚点。借助这两个工具，可以通过单击或拖动对象和组，将目标对象进行选中。

除选择工具外，还可以通过魔棒工具（🪄）和套索工具（🔍）选择图形对象，也可以选择锚点或路径，方法是围绕整个对象或对象的一部分拖动鼠标。

> Tips：
> 魔棒工具（🪄）和套索工具（🔍）也出现在 Adobe Photoshop 软件中，使用方法与 Illustrator 类似。

使用魔棒工具可以选择文档中具有相同或相似填充属性（如颜色和图案）的所有对象。我们可以自定义魔棒工具，以基于描边粗细、描边颜色、不透明度或混合模式来选择对象。还可以更改魔棒工具所用的容差来识别类似对象。

使用魔棒工具基于填充颜色选择对象的方法如下。

（1）选择魔棒工具（ ✗ ）。

（2）如果要创建选区，可单击包含要选择的属性的对象，那么所有与此对象属性相同的对象都将被选中。

（3）如果要添加到当前选区，可按住 Shift 键并单击包含要添加的属性的其他对象，那么所有具有相同属性的对象也将被选中。

（4）如果要从当前选区移除对象，可在按住 Alt 键的同时，单击包含要移除的属性的对象，则所有与此对象属性相同的对象都将从所选对象中删除。

3.2.1　使用选择工具

使用工具栏中的选择工具（ ▶ ）可以选择、拖动、缩放以及旋转对象。在使用该工具时，可以单击一个对象，也可以在一个或多个对象的周围拖放鼠标，形成一个选框，框住所有对象或部分对象，这样的操作称为框选。下面将通过实例讲解该工具的功能。

> Tips：
> 如果想要在可选区中添加或移除对象，可在按住 Shift 键的同时进行单击，或者围绕需要添加或移除的对象拖动鼠标。当选择工具位于取消选择的对象或组上方时，其形状将变为 ▶。当选择工具位于选中的对象或组上方时，其形状将变为 ▶。当选择工具位于取消选择的对象的锚点上方时，箭头的旁边将会出现一个空心方框 ▶□。

（1）清理画板背景，将除背景图之外的所有图形对象移到画板之外。移动对象的方法有很多，比如单击图形，如图 3-2 所示，图形外侧出现附带 8 个手柄的矩形线框，则可将选择对象向任意方向拖动。也可以将需要移动的多个图形进行框选，如图 3-3 所示，然后进行整体移动。

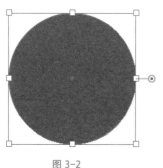

图 3-2

图 3-3

（2）将除背景图之外的所有图形对象移到画板外之后，可得如图 3-4 所示的画面效果。

（3）选中画板左上方插画背景图，图像外侧出现附带 8 个手柄的矩形线框，使用鼠标拖住右下角的锚点，如图 3-5 所示，按住 Shift 键进行拖曳，得到与画板等大的正方形背景图，如图 3-6 所示。

图 3-4

图 3-5

图 3-6

Tips:

Shift 键在 Illustrator 软件中会在与规矩和秩序有关的操作中使用，比如水平与垂直方向的移动，或者等比例的缩放，以及按照特定角度的旋转。

3.2.2　使用直接选择工具

矢量图形一般由锚点与路径构成，以矩形为例，如图 3-7 所示，它由四角的 4 个锚点与锚点之间的 4 条路径组成。使用直接选择工具（▷）可以编辑矢量图形的路径，也可以通过调整锚点调整图形的形状。

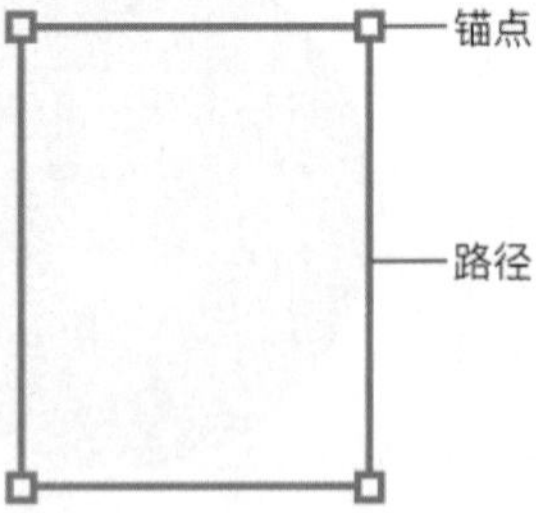

（1）使用缩放工具（🔍）单击图中矩形，放大画面视图。

（2）使用直接选择工具（▷）选中矩形，并单击左上角锚点，此时在光标的右侧出现"锚点"二字（如图 3-8 所示），向左水平拖动该锚点，可得到如图 3-9 所示的效果。

图 3-7

图 3-8

图 3-9

（3）使用同样的方法，拖动右下角锚点可得平行四边形，如图 3-10 所示。

图 3-10

（4）使用直接选择工具（▷）选中图形，在四角内侧可见 4 个小圆圈，将光标置于小圆圈之上，白色箭头的右下方出现一道弧线，此时可以单击小圆圈并向内拖曳，可得到如图 3-11 所示的画面效果。

图 3-11

3.3　编组对象

一个复杂的图稿往往由诸多不同的图形构成，为了更好地管理这些图形，便需要用到编组功能。善用编组可以提高工作效率，也会让整个设计流程更富逻辑性。将多个图形编组之后，当它们再次被选择时，就会被视为一个整体，在移动整个群组时，不会影响它们自身的属性以及相对位置。例如，在设计 LOGO 时，可将设计中的所有对象编成一组，以便将其作为一个单元进行移动和缩放。

编组对象被连续堆叠在图稿的同一图层上，位于组中最前端对象之后。因此，编组可能会更改对象的图层分布及其在给定图层上的堆叠顺序。如果我们选择位于不同图层中的对象并将其编组，则其所在图层中的最靠前图层，即是这些对象将被编入的图层。组还可以是嵌套结构，也就是说，组可以被编组到其他对象或组之中，形成更大的组。

（1）将图 3-11 完成的带有圆角的平行四边形与字体进行组合排版，得到如图 3-12 所示的效果。

（2）使用选择工具（▶）将这些图形全部选中，在属性面板中单击"编组"按钮即可实现整个图像的编组，如图 3-13 所示。

图 3-12

图 3-13

（3）如果想要取消编组，可使用选择工具（▶）将编组的图形选中，单击鼠标右键，在弹出的快捷菜单中执行"取消编组"命令。

Tips:
　　将多个图形进行编组还可以通过组合键实现，首先使用选择工具（▶）将想要进行编组的图形选中，然后按 Ctrl+G 组合键即可实现编组。

3.4　对齐与分布对象

对齐对象的功能是 Adobe 系列软件必备的功能，它能让多个对象实现精确的水平方向以及垂直方向的左对齐、右对齐、居中对齐等效果，掌握这项操作将会大大提升排版的效率。

　　使用"对齐"面板（执行"窗口→对齐"命令）和控制面板中的对齐选项可沿指定的轴对齐或分布所选对象。可以使用对象边缘或锚点作为参考点，对齐所选对象、画板或关键对象。关键对象指的是选择的多个对象中的某个特定对象。当选定对象时，控制面板中的对齐选项可见。如果未显示这些选项，那么请从控制面板菜单中执行"对齐"命令。

3.4.1　对齐多个对象

　　（1）使用选择工具（▶）选中画面中的蓝色圆形，按住 Shift 键调整圆形的尺寸，将其等比放大，如图 3-14 所示。

　　（2）将蓝色圆形与海绵宝宝插画和背景图进行水平与垂直居中对齐。使用选择工具（▶）选中这 3 个需要进行对齐的对象，在顶部菜单栏执行"水平居中对齐"命令，再执行"垂直居中对齐"命令。如果刚开始不熟悉图标所示的对齐方式，可将光标置于图标上方不动，稍等片刻，便会显示提示说明，如图 3-15 所示。

　　（3）通过上一步操作，可得到如图 3-16 所示的画面效果。由图可见，背景图、蓝色圆形与海绵宝宝图形已经居中对齐。

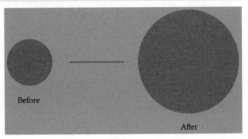

图 3-14

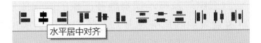

图 3-15

图 3-16

Tips:
　　使用对齐功能还有两种方法。一种是执行"窗口→对齐"命令，即可打开"对齐"面板。另一种是使用 Shift+F7 组合键，也可以打开"对齐"面板。如图 3-17 所示，"对齐对象"中包括水平左对齐、水平居中对齐、水平右对齐、垂直顶对齐、垂直居中对齐、垂直底对齐。"分布对象"中包括垂直顶分布、垂直居中分布、垂直低分布、水平左分布、水平居中分布、水平右分布。

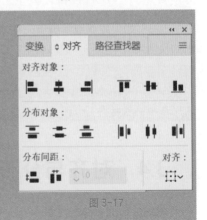

图 3-17

3.4.2 对齐到关键对象

从图 3-16 看，对齐功能虽然实现了我们预想的居中对齐效果，但是整个图像偏离了面板，若将所有对象与画板对齐，则仍需手动调整。如果将原本与画板对齐的背景图设置为关键对象，让它在对齐时保持原地不动，其他需要对齐的对象自动以关键对象为参照物进行对齐，就可以完美地解决这个问题。

（1）首先，我们退回上一步操作。按 Ctrl+Z 组合键持续后退，回到最前的状态，如图 3-18 所示。

图 3-18

（2）设定背景图为关键对象。在使用选择工具（▶）选中 3 个需要对齐的对象之后，单击关键对象（背景图），此时关键对象的周围的蓝色轮廓线变粗，如图 3-19 所示，这就意味着可以将其他两个对象对齐到关键对象了。

图 3-19

Tips:
　　要想停止相对于某个关键对象进行对齐和分布，可以再次单击该关键对象以删除粗线条的蓝色轮廓，或者在"对齐"面板中执行"取消关键对象"命令。

（3）执行"水平居中对齐"命令，再执行"垂直居中对齐"命令，可得到如图 3-20 所示的画面效果。

> Tips:
>
> 对齐到关键对象是非常重要的功能，应用非常广泛。比如，当我们绘制人或动物的头部时，可以将头部的背景图设定为关键对象，然后将绘制好的眼睛（可编组）、鼻子、嘴巴等局部以关键对象为中心进行对齐。

（4）使用选择工具（▶）将之前编组的字体拖动到画面的左上方，这样就完成了海绵宝宝主题海报的图文排版，如图 3-21 所示。

图 3-20

图 3-21

（5）执行"文件→存储为"命令，将图稿存储为 ai 格式的源文件，然后执行"文件→导出→导出为"命令，导出便于预览的 JPG 格式文件。

Ai

第 4 章

使用形状工具绘图

使用形状工具可以完成一些基本图形的绘制，这些工具包括矩形工具（▨）、圆角矩形工具（▨）、椭圆工具（◯）、多边形工具（⬠）、星形工具（☆）。后印象派的著名画家保罗·塞尚曾有过一段关于绘画的精彩论述："世界上的一切物体都可以概括成圆锥体、圆柱体与球体。"他将描绘对象的内在结构进行了大胆的归纳，开创了具有个人特色的艺术风格，被人们称颂为"现代主义之父"。塞尚关于绘画的见解也给软件绘图提供了有价值的参考思路，使用形状工具绘制出的一些简单几何图形，基本可以满足绘图的要求。换言之，仅仅使用矩形、圆形、多边形等形状就可以画出大自然中的一切描绘对象。

在本章中，我们将学习使用不同的形状工具完成便利贴、箭靶、麻将牌、螺母以及星形图标的绘制。

4.1 使用矩形工具绘制便利贴

矩形工具（▨）是最常用的形状工具，所有与方形有关的图形都可以用它进行绘制。掌握这项工具的使用技巧之后，可以绘制许多身边的生活用品，比如本节所讲的便利贴。操作步骤如下。

（1）启动 Adobe Illustrator 软件，新建一个空白文档，文件名称为"便利贴"，尺寸为宽200mm，高 200mm，颜色模式为 CMYK，光栅效果为 300ppi。

（2）执行"文件→打开"命令，在文件夹"素材与源文件"中找到 Lessons → Lesson04 → clip 文件，并打开文件。此文件为本案例所用回形针素材。

（3）执行"视图→画板适合窗口大小"命令，调整适合屏幕预览的图像显示比例。

（4）在绘制不同颜色的图形之前，我们先来了解一下拾色器。拾色器位于工具栏的下方，由两部分组成，如图 4-1 所示，上方的实心方形为"填色"，即图形的填充颜色。下方的空心的方形为"描边"，即图形外侧的轮廓线描边颜色。我们可以通过双击图标来调整这两部分的属性。在拾色器的下方有 3 个小方形，填充方式由左到右分别为"纯色"填充、"渐变"填充与"无"填充，我们可以根据自己的需要来选择适合的填充方式。

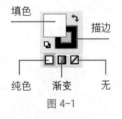

图 4-1

（5）绘制一个绿色无描边的正方形。双击拾色器中的填色图标，选择绿色并单击"确定"按钮，如图 4-2 所示。双击拾色器中的描边图标，将填充方式选中为"无"。

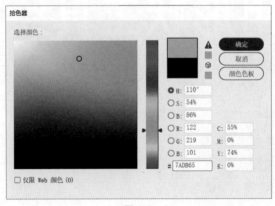

图 4-2

（6）在工具箱中选择矩形工具（▨），按住 Shift 键的同时拖动鼠标便可以画出一个绿色正方形。

（7）使用选择工具（▶）选中该绿色正方形，按住 Alt 键向右方拖曳，即可复制图形，将复制的图形进行缩放，完成如图 4-3 所示的效果。

Tips:
　　当使用选择工具（▶）选中一个图形后，按 Alt 键，光标箭头由▶变成▶，这就意味着可以通过拖曳进行复制了。

（8）将缩放后的图形填色填充为更深一些的绿色，并将其置于原图形的顶端，如图 4-4 所示。

图 4-3　　　　　　　　　　　　　　　　　　　　图 4-4

（9）将整个图像复制两份，并使用上述方法重新着色，实现如图 4-5 所示的效果。分别选中 3 组不同颜色的图形使用组合键 Ctrl+G 进行编组。

图 4-5

（10）将绿色与褐色的图形进行小幅度的旋转，然后将 3 个图形居中对齐，叠放在一起，便利贴纸图形设计完毕，画面效果如图 4-6 所示。

（11）为便利贴纸添加回形针，令图稿更加生动。执行"文件→打开"命令，复制回形针素材粘贴到便利贴的顶部，完成最终图稿的绘制，画面效果如图 4-7 所示。

图 4-6

（12）执行"文件→存储为"命令，将图稿存储为 ai 格式的源文件，然后执行"文件→导出→导出为"命令，导出便于预览的 JPG 格式文件。

图 4-7

4.2　使用椭圆工具绘制箭靶

相比矩形工具（▨）的方直属性不同，椭圆工具（⬭）绘制的弧线更加柔美，本节将学习如何使用椭圆工具（⬭）完成箭靶图案的绘制，在箭矢部用到了矩形工具（▨）。操作步骤如下。

（1）启动 Adobe Illustrator 软件。

（2）新建一个空白文档。具体参数如下，文件名称为"箭靶"，尺寸为宽200mm，高200mm，颜色模式为CMYK，光栅效果为300ppi。

（3）执行"视图→画板适合窗口大小"命令，调整适合屏幕预览的图像显示比例。

（4）绘制红色圆形。在拾色器中将填色设为红色，将描边设为"无"，使用椭圆工具（），按住 Shift 键绘制一个红色圆形，如图 4-8 所示。

（5）选中该图形，使用组合键 Ctrl+C（复制）与 Ctrl+F（粘贴），可原位复制粘贴至上方的图形。

图 4-8

> **Tips:**
> 一般而言，复制粘贴的组合键为 Ctrl+C 与 Ctrl+V，这种操作复制得到的图形的位置是随机的，如果我们画同心圆，则应将图形粘贴在原位置，然后再去做缩放。这就用到了原位复制粘贴到上方的组合键，即 Ctrl+C 与 Ctrl+F。

（6）将复制后的图形选中，按住 Shift+Alt 组合键，向内侧拖动鼠标完成同心圆的缩放，并将其填色设置为深红色。

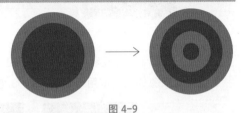

（7）以同样的方法画出如图 4-9 所示的效果，箭靶的图形便呼之欲出了。

图 4-9

> **Tips:**
> 等比缩放的快捷键是 Shift。从中心等比缩放的组合键是 Shift+Alt。

（8）绘制箭矢及投影。使用矩形工具（▭）在箭靶的上方绘制箭矢的形状。图形绘制要精练而概括，代表箭矢羽毛的平行四边形是通过调整矩形顶端两个锚点而得来的，如图 4-10 所示。

（9）降低箭矢投影的不透明度。选中代表箭矢投影的矩形，将其"不透明度"调整为40%，如图 4-11 所示。如此操作之后，投影便有了一种通透的感觉，图稿至此也绘制完成了，效果如图 4-12 所示。

图 4-10   图 4-11   图 4-12

（10）执行"文件→存储为"命令，将图稿存储为 ai 格式的源文件，然后执行"文件→导出→导出为"命令，导出便于预览的 JPG 格式文件。

4.3 使用圆角矩形工具绘制麻将牌

麻将是一种我国古代发明的牌类博弈游戏，麻将牌是由竹子、骨类、塑料或金属制成的小

方块，上面刻有不同的字样与花纹。我们通过圆角矩形工具（▢）结合椭圆工具（◯）可完成
麻将牌的绘制。操作步骤如下。

（1）启动 Adobe Illustrator 软件。

（2）新建一个空白的 A4 尺寸文档。执行"文件→新建"命令，在"新建文档"对话框的
顶部菜单栏单击"打印"，然后选择 A4，如图 4-13 所示。

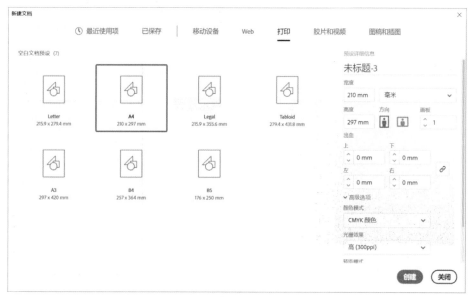

图 4-13

（3）执行"视图→画板适合窗口大小"命令，调整适合屏幕预览的图像显示比例。

（4）绘制白色填充黑色描边的圆角矩形。在拾色器中将"填色"设为白色，将"描边"设
为黑色，使用圆角矩形工具（▢）绘制一个圆角矩形。为了得到精确的图形，可以提前预设参
数，选择圆角矩形工具（▢）后，单击画板空白区域，会出现一个对话框，我们将参数设置为"宽
度"35mm，"高度"45mm，"圆角半径"2mm，具体数值如图 4-14 所示。圆角半径是控制
圆角弧度的参数，数值越大，圆角弧度越大，数值越小圆角弧度越小。

Tips:
　　拾色器的初始默认配色是"描边"为黑色，"填色"为白色。如果配色调整过之后，想要
迅速获得初始的黑白配色，那么只需按 D 键即可，这个快捷键的操作同样适用于 Photoshop 软件，
初始默认的前景色与背景色也是黑白配色。

（5）调整过上述参数后，单击"确定"按钮即可获得一个圆角矩形，假设绘制的麻将牌是
立体图形，那么此圆角矩形就为麻将牌的顶面图，如图 4-15 所示。

（6）使用选择工具（▶）选中该图形，按住 Alt 键沿垂直方向向下拖动，复制一个新的图形。
画面效果如图 4-16 所示。

（7）双击拾色器中的"填色"图标，选择一个灰色的配色，单击"确定"按钮，即可得到
如图 4-17 所示的画面效果。

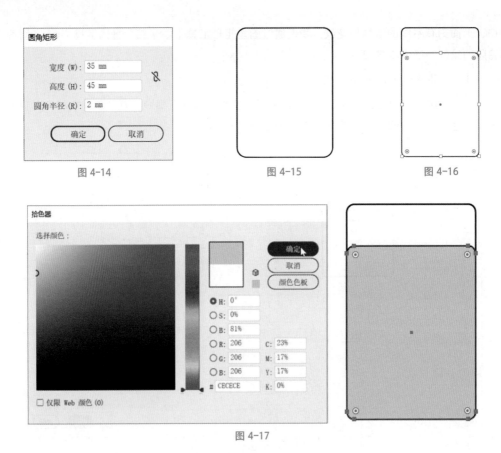

图 4-14　　　　　　　　　图 4-15　　　　　　　　　图 4-16

图 4-17

（8）单击鼠标右键，在弹出的快捷菜单中执行"排列→置于底层"命令，便可改变图形的上下层排列关系，如图 4-18 所示，将白色图形置于灰色图形的上方，因为我们之前将白色图形预设为麻将牌的顶面图形。

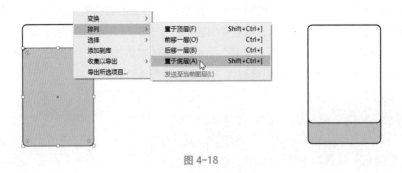

图 4-18

（9）使用同样的方法，沿垂直方向向下复制一个新图形，将"填色"设为深绿色，然后将该图形置于最底层，一个带有体积感的立体麻将牌图形就绘制完成了，画面效果如图 4-19 所示。

（10）接下来以麻将牌"二筒"为例，绘制麻将牌顶面图案。上一节学习的箭靶的绘制方法可以移植到这里。选择椭圆工具（ ），按住 Shift 键画一个绿色圆形。使用 Ctrl+C 和 Ctrl+F 组合键进行原位复制粘贴，然后将顶层颜色改成白色。选中上层的白色图形，按住 Shift+Alt 组合键向内侧沿中心方向进行等比缩小，可得到如图 4-20 的画面效果。

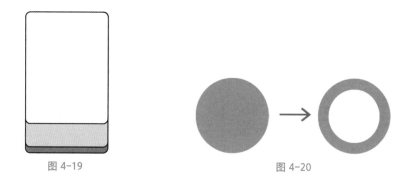

图 4-19   图 4-20

（11）以同样的方法，完成多个叠加的同心圆的图形绘制，具体步骤如图 4-21 所示。

（12）将整组图形沿垂直方向向下复制，得到如图 4-22 所示的效果。

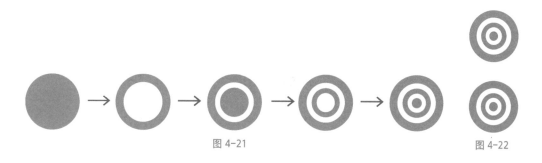

图 4-21   图 4-22

（13）使用选择工具（▶）按住 Shift 键选中所有绿色的图形，双击拾色器中的"填色"图标，将颜色改为深蓝色，单击"确定"按钮，可得到如图 4-23 所示的效果。

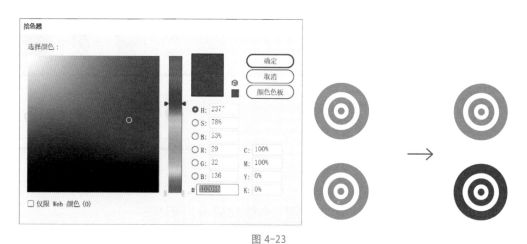

图 4-23

（14）选中两组图形，使用 Ctrl+G 组合键进行编组。使用 Shift+F7 组合键打开"对齐"面板，将其与麻将牌的顶面进行"水平居中对齐"与"垂直居中对齐"，一张"二筒"麻将牌就绘制完成了，得到如图 4-24 所示的画面效果。

（15）以同样的方法可以绘制出其他"筒"的图案，都是通过复制同心圆图形的编组，改变其配色，然后排列组合成新的图案，如图 4-25 所示。

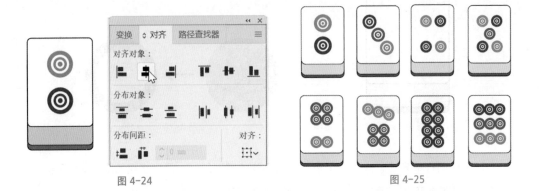

图 4-24   图 4-25

（16）单击工具箱中的文字工具（T），可输入汉字南、北、中、西，为了更加贴近现实，可以选择类似毛笔字的书法字体，做出如图 4-26 所示的画面效果。

图 4-26

（17）最后，将所有绘制好的图形组合在一起，实现最终图稿的效果，如图 4-27 所示。

（18）执行"文件→存储为"命令，将图稿存储为 ai 格式的源文件，然后执行"文件→导出→导出为"命令，导出便于预览的 JPG 格式文件。

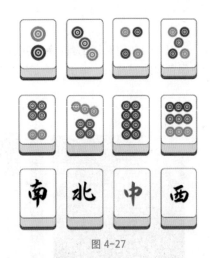

图 4-27

4.4　使用多边形工具绘制螺母图案

多边形工具（⬡）便于绘制具有多个直边的形状。在默认的初始设置中，使用多边形工具（⬡）可以创建一个六边形。多边形也是实时形状，我们可以通过调整它的属性来编辑其尺寸、边数以及旋转的状态。本节将学习使用多边形工具（⬡）绘制螺母图案，在此案例中，我们不仅需要使用多边形工具（⬡）绘制六边形，还需要用它绘制等边三角形。操作步骤如下。

（1）启动 Adobe Illustrator 软件。

（2）新建一个空白文档。具体参数如下，文件名称为"螺母图案"，尺寸为宽 200mm，高 200mm，颜色模式为 CMYK，光栅效果为 300ppi。

（3）执行"文件→打开"命令，打开素材文件。

（4）执行"视图→画板适合窗口大小"命令，调整适合屏幕预览的图像显示比例。

（5）在拾色器中双击"填色"图标，设置"C=45 M=0 Y=20 K=0"的浅蓝色，单击"确定"按钮。双击"描边"图标，将其填充方式设为"无"，如图 4-28 所示。

（6）使用矩形工具（▢），按住 Shift 键画一个与画板等大的正方形作为画面背景，如图 4-29 所示。

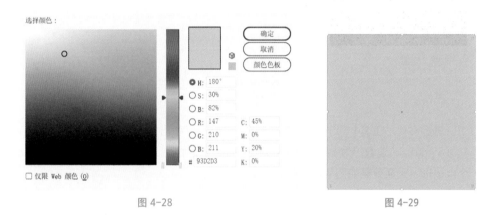

图 4-28　　　　　　　　　　　　　　　　　　　　图 4-29

（7）使用多边形工具（⬡），在画板的空白处单击，在弹出的"多边形"对话框中调节参数，"半径"为 20mm，"边数"为 3。单击"确定"按钮，然后按住 Shift 键，使用多边形工具（⬡）拖动鼠标可画出一个等边三角形，如图 4-30 所示。

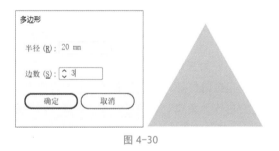

图 4-30

Tips:
　　调整多边形的边数还可以通过组合键实现。在使用多边形工具（⬡）绘制图形时，拖动鼠标后保持不动，不释放鼠标左键，此时按几下方向键上就能给图形增加几条边，反之，按几下方向键下就能给图形减去几条边。此方法对于下一节将要学习的星形工具（☆）同样适用。

（8）使用选中工具双击拾色器中的"填色"图标，修改其颜色，具体参数为"C=65 M=0 Y=30 K=0"，单击"确定"按钮可以得到一个深蓝色的三角形，如图 4-31 所示。

（9）使用选择工具（▶）旋转三角形的角度，使其侧边与背景的正方形侧面平行。使用选择工具（▶）选中三角形按住 Alt 键向旁边拖曳，复制出 3 个三角形，现在画面中总共有个 4 个深蓝色三角形。使用选择工具（▶）旋转三角形的角度，移动三角形的位置，将 4 个三角形置于正方形背景的四角位置，作为画面的装饰。画面效果如图 4-32 所示。

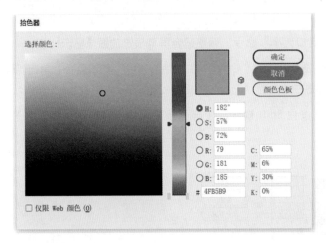

图 4-31

（10）选择多边形工具（⬡），在画板的空白处单击，在弹出的"多边形"对话框中调节参数，"半径"为 85mm，"边数"为 6。单击"确定"按钮，然后按住 Shift 键，使用多边形工具（⬡）画出一个六边形。画面效果如图 4-33 所示。

图 4-32   图 4-33

（11）使用吸管工具（🖊）吸附三角形的颜色，此时六边形的颜色与三角形一致。使用 Shift+F7 组合键打开"对齐"面板，选中六边形与背景的正方形，以背景的正方形作为关键对象进行对齐，选择"水平居中对齐"与"垂直居中对齐"选项，将六边形置于正方形背景的正中央，如图 4-34 所示。

图 4-34

（12）使用选择工具（▶）选中六边形，使用 Ctrl+C 与 Ctrl+F 组合键将该图形进行原位复制粘贴，然后按住 Shift+Alt 组合键，使用选择工具向内侧拖动，得到一个形状小一些的等比六边形。在拾色器中双击"填色"图标，设置颜色参数为"C=80 M=35 Y=35 K=0"，单击"确定"按钮，得到如图 4-35 所示的效果。

图 4-35

（13）使用选择工具（▶）选中两个六边形，单击鼠标右键，在弹出的快捷菜单中执行"编组"命令，将二者编组。使用 Ctrl+C 与 Ctrl+F 组合键将该组图形向上方进行原位复制粘贴，然后按住 Shift 键将上方新复制的图形旋转 45°，得到如图 4-36 所示的画面效果。

（14）使用矩形工具（▨）与多边形工具（⬡）绘制螺母外形，其颜色参数为"C=15 M=0 Y=5 K=0"。将其编组并使用对齐工具将其与背景图进行居中对齐，实现如图 4-37 所示的效果。

（15）执行"文件→打开"命令，打开素材文件，复制素材文件并粘贴到本画板中的适合位置，完成螺母图案的绘制。画面效果如图 4-38 所示。

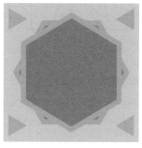  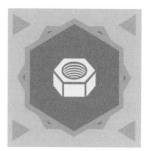

图 4-36　　　　　　　　　　图 4-37　　　　　　　　　　图 4-38

（16）执行"文件→存储为"命令，将图稿存储为 ai 格式的源文件，然后执行"文件→导出→导出为"命令，导出便于预览的 JPG 格式文件。

4.5　使用星形工具绘制星形图标

星形工具（☆），顾名思义，即用于绘制星形的工具。无论是四角星、五角星还是六角星，借助这个工具都可以轻松完成绘制。和之前学的多边形工具（⬡）一样，当选中该工具时，鼠标左键单击画板空白区域可以弹出调节属性的对话框，我们可以根据自身需要调节图形的半径以及角点数。在使用星形工具（☆）绘制图形时，还可以拖动鼠标后保持不动，不释放鼠标左键，此时如果按方向键上与方向键下可以给图形增加或减少角点数，如果按住 Ctrl 键，继续拖动鼠标则可调节图形的半径。这些操作对于初学者而言，刚开始接触时不太容易控制火候，但熟练之后就会极大地提升工作效率。我们在本节可以学到如何使用星形工具（☆）绘制星形图标。操作步骤如下。

（1）启动 Adobe Illustrator 软件。

（2）执行"文件→打开"命令，打开素材文件，如图 4-39 所示，这是一个长宽各 200mm 的正方形画板，上面绘有 4 个正方形线框，接下来分别在 4 个线框内进行绘图。

（3）执行"视图→画板适合窗口大小"命令，调整适合屏幕预览的图像显示比例。

（4）在拾色器双击"填色"图标，将填充方式设为"无"，双击"描边"图标，将颜色设为黑色，这样就可以画出黑色线段了。单击星形工具（☆），按住 Shift+Alt 组合键，拖动鼠标在左上角的正方形线框内画出一个直立的五角星。使用对齐工具将五角星与正方形进行居中对齐，如图 4-40 所示。

（5）使用选择工具（▶）选中五角星，按 Ctrl+C 与 Ctrl+F 组合键进行原位复制粘贴。按住 Shift+Alt 组合键，使用选择工具（▶）将复制在上层的五角星向外侧拖动，可以画出一个等比的放大的五角星，如图 4-41 所示。

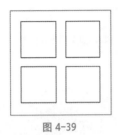  

图 4-39　　　　　　　　　　图 4-40　　　　　　　　　　图 4-41

（6）使用缩放工具（🔍）放大图像的显示比例，使用选择工具（▶）选中大的五角星，再单击直接选择工具（▷），就能在所有角的位置看到小圆圈，如图 4-42 所示，使用鼠标单击小圆圈，然后向下方拖动，就能得到如图 4-43 所示的效果。

图 4-42　　　　　　　　　　　　　图 4-43

（7）星形工具（✩）默认的初始设置是五角星，如果想要画六角形可以在选中星形工具（✩）后单击画板空白区域，在弹出的对话框中将"角点数"改成 6，按住 Alt 键拖动鼠标，就可画出一个形状规则的六角形，如图 4-44 所示。

（8）使用同样的方法，修改"角点数"，我们画出多个四角星。然后使用直线段工具（╱）绘制十字符号作为图案的装饰，如图 4-45 所示。

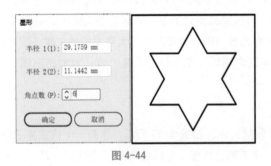 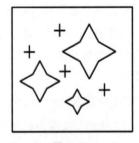

图 4-44　　　　　　　　　　　　图 4-45

（9）至此，我们已经完成了 3 个图案的设计。在最后一个正方形线框内，使用星形工具（✩）按住 Shift 键画出一大一小两个五角星，然后将小的五角星进行复制，总共得到一大两小共计 3 个五角星，如图 4-46 所示。

（10）按 Shift+F7 组合键打开"对齐"面板，使用选择工具（▶）选中 3 个五角星，在"分布对象"中执行"水平居中分布"命令,如图 4-47 所示。使用选择工具(▶)将大五角星沿垂直方向向上移动。具体步骤如图 4-48 所示。

图 4-46

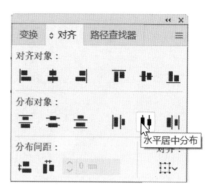

图 4-47

图 4-48

(11)使用直线段工具(✎)绘制几条垂直线,使用上述同样的方法让线段呈水平居中分布,实现如图 4-49 所示的画面效果。

(12)至此,本案例 4 个星形图标全部绘制完成,画面最终效果如图 4-50 所示。

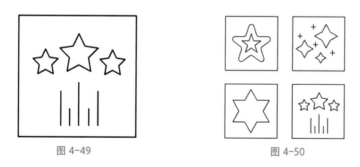

图 4-49   图 4-50

(13)执行"文件→存储为"命令,将图稿存储为 ai 格式的源文件,然后执行"文件→导出→导出为"命令,导出便于预览的 JPG 格式文件。

Ai

第 5 章 ————

编辑路径与创建形状

掌握了形状工具的使用之后，绘制简单的图形与路径对我们而言就轻而易举了。如果希望创建更加复杂的图稿，那么就需要学习新的技能。在本章中，我们将一起探索编辑路径与创建形状的技巧。

5.1 使用辅助工具优化雄鹿 LOGO

对设计师而言，最开心的事情莫过于甲方的审稿顺利通过，然而在现实中若要做到"一稿过"，简直难于上青天。以 LOGO 设计为例，设计师在与现实生活中的甲方沟通时的常态便是不计其数的改稿。即便是已经设计好且投入使用多年的 LOGO，随着时代审美流行趋势的变化，也会面临 LOGO 的迭代或再设计的情况。在本节中，我们以雄鹿 LOGO 的优化为案例，一起学习如何使用辅助工具完成基本形状与路径的编辑，也为改稿工作积累一些经验。改稿与推翻重做不同，一般只需要对局部进行微调，如图 5-1 所示，我们使用辅助工具配合增删锚点与轮廓化描边的功能就能完成此项工作。辅助工具包括剪刀工具（✂）、橡皮擦工具（◆）和美工刀工具（✐）。操作步骤如下。

MIAMI BUCKS   MIAMI BUCKS

修改前   修改后

图 5-1

5.1.1 课程准备

（1）启动 Adobe Illustrator 软件。

（2）执行"文件→打开"命令，打开素材文件，如图 5-2 所示。

（3）执行"视图→画板适合窗口大小"命令，调整适合屏幕预览的图像显示比例。

MIAMI BUCKS

图 5-2

5.1.2 使用剪刀工具

在图 5-1 中可以清晰地看到，需要修改的内容有 3 处，看似复杂，实则大同小异，都是将之前连贯的线条切断重组。调整之后的效果会更加灵动，也更具观赏性。辅助工具都可以切割形状与路径，在此先使用剪刀工具（✂）进行操作，剪刀工具（✂）可以在锚点或者线段上分割路径，使用路径成为开放的路径。

（1）使用缩放工具（🔍）单击雄鹿 LOGO 中鹿的尾部，将其显示比例放大，便于之后的观看与操作，如图 5-3 所示。

（2）使用直接选择工具（▷）选中图形，图形的边缘便显示路径与锚点，如图 5-4 所示。

图 5-3　　　　　　　　　　　　图 5-4

（3）使用剪刀工具（✂）在图 5-5 中 1、2、3、4 所标记的红色圆点处单击鼠标左键，可实现如图 5-5 中右侧图形所示的画面效果。

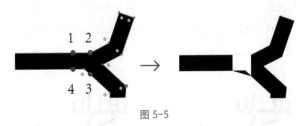

图 5-5

（4）使用直接选择工具（▷）框选图 5-6 中左侧图形所示区域，然后按 Delete 键删除此处图形，这部分形状的切割就完成了。画面效果如图 5-6 中右侧图形所示。

> Tips:
> 删除可用 Delete 键，也可用 Backspace 键，二者都能实现删除，这对于 Photoshop 软件也同样适用。

（5）使用缩放工具（🔍）调整画面视图的显示比例，可以清楚地看到图形优化后的效果，鹿的尾部线段被断开，如图 5-7 所示。

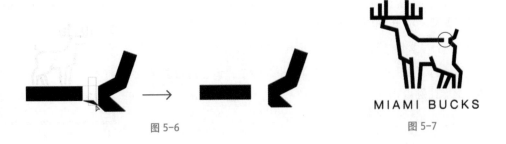

图 5-6　　　　　　　　　　　　图 5-7

5.1.3　使用美工刀工具

裁切形状的第二种方法是使用美工刀工具（✏）。在进行图形处理时，美工刀工具（✏）将穿过的形状斩为两段，同时也会生成两个闭合路径，在使用美工刀工具（✏）时需要跨越形状进行拖动，去分割形状。接下来，我们将学习美工刀工具的使用技巧。

（1）使用缩放工具（🔍）单击雄鹿 LOGO 中鹿的腹部，将其显示比例放大，便于之后的观看与操作，如图 5-8 所示。

（2）使用选择工具（▶）选中雄鹿 LOGO，单击工具箱中的美工刀工具（🖊），拖动美工刀由左上方向右下方跨越 LOGO 图形拖动，此时该图形被分割成两部分，如图 5-9 所示。

（3）使用与上一步骤同样的方法，使用选择工具（▶）选中雄鹿 LOGO，单击工具箱中的美工刀工具（🖊），拖动美工刀按照图 5-10 所示方向跨越 LOGO 图形进行拖动切割。

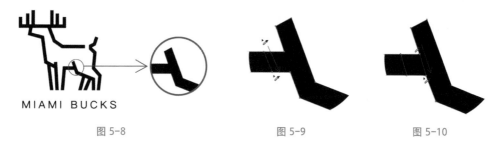

图 5-8　　　　　　　　　图 5-9　　　　　　　　　图 5-10

（4）经过之前使用美工刀工具（🖊）的两次切割，如图 5-11 所示，图中产生了一个新的闭合路径组成的平行四边形，按 Delete 键删除该形状。

（5）完成以上操作，鹿腹部的图形切割也就完成了，画面效果如图 5-12 所示。

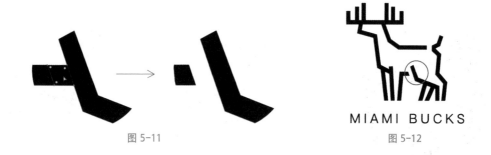

图 5-11　　　　　　　　　　　　　　图 5-12

5.1.4　使用橡皮擦工具

裁切形状的第三种方法是使用橡皮擦工具（◆），该工具模拟现实中的橡皮擦的擦除功能，可以擦除矢量图形中的任意区域，包括一般路径、复合路径、实时上色组内的路径和剪切内容。如果在选择擦除之前使用选择工具（▶）选中了某个路径，那么它将擦除选中路径中的内容。如果在选择擦除之前没有选中任何区域，那么它将无差别地进行擦除。

（1）使用缩放工具（🔍）单击雄鹿 LOGO 中鹿的腿部，将其显示比例放大，便于之后的观看与操作，如图 5-13 所示。

（2）双击橡皮擦工具（◆）便会出现调整其属性的对话框，我们可以在这里修改该工具的"角度""圆度""大小"，如果 5-14 所示。

图 5-13

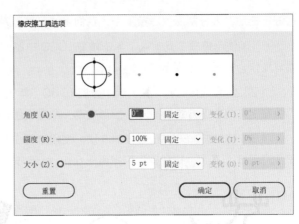

图 5-14

（3）使用选择工具（▶）选中雄鹿 LOGO，拖动橡皮擦工具（◆）进行擦除，如图 5-15 所示，这样就实现了图形切割的效果。但显而易见的是，橡皮擦工具（◆）不能进行非常精准的分割，这对于极度需要精确的 LOGO 而言不太适合。在此，我们如此操作只是为了演示橡皮擦工具（◆）的用法，本案例 LOGO 的优化最好使用其他工具完成。

（4）使用剪刀工具（✂）重新对这部分的图形进行切割，具体方法可参照 5.1.2 节中介绍的剪刀工具的内容，此处不再赘述。最终，我们使用辅助工具实现了雄鹿 LOGO 的优化，完成原图形中 3 个局部的修改，优化后的图形更加灵动，LOGO 图形的前后对比可以参考图 5-16。

图 5-15

图 5-16

5.1.5 添加和删除锚点

对于编辑路径而言，我们经常会用到添加和删除锚点的功能。鼠标左键单击并长按工具箱中的钢笔工具（✒），在弹出的下拉菜单中可以看到添加锚点工具（✒）与删除锚点工具（✒），如图 5-17 所示。添加锚点可以增强对路径的控制，也可以扩展开放路径。但是最好不要增加不必要的锚点，因为这会使路径变得非常复杂。锚点数较少的路径更易于编辑、显示和打印。可以通过删除不必要的锚点来降低路径的复杂性。

如果想要添加锚点，选择钢笔工具（✒）或添加锚点工具（✒），然后单击路径段即可。

Tips:

将钢笔工具（🖊）放置在选定路径上时，它会变为添加锚点工具（🖊）。

如果想要删除锚点，可以选择钢笔工具（🖊）或删除锚点工具（🖊），然后单击锚点即可。

Tips:

将钢笔工具（🖊）放置在锚点上时，它会变为删除锚点工具（🖊）。

我们可以使用这两个工具为路径添加或删除锚点，从而实现编辑路径的目的。接下来，我们还是以雄鹿 LOGO 为案例，一起学习该功能是如何在实践中应用的。

（1）执行"文件→打开"命令，打开素材文件，如图 5-18 所示。

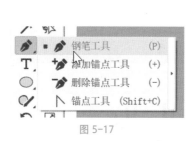

图 5-17

图 5-18

（2）执行"视图→画板适合窗口大小"命令，调整适合屏幕预览的图像显示比例。

（3）使用缩放工具（🔍）单击雄鹿 LOGO 中鹿的尾部，将其显示比例放大，便于之后的观看与操作，如图 5-19 所示。

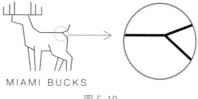

图 5-19

（4）使用选择工具（▶）选中雄鹿尾部的路径，再使用添加锚点工具（🖊）在图 5-20 中位置为路径添加一个新的锚点。

（5）使用直接选择工具（▷）框选图 5-21 中所示的路径，然后按 Delete 键删除该段路径，可得到如图 5-22 所示的效果。

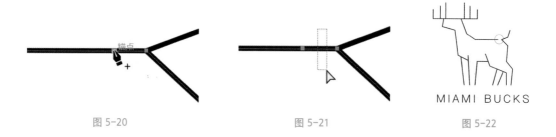

图 5-20　　　　　　　　图 5-21　　　　　　　　图 5-22

Tips:

删除锚点与连接到该点的线段可以按 Delete 键或 Backspace 键，或执行"编辑→剪切"和"编辑→清除"命令实现。

（6）使用同样的方法将其他两个局部的路径进行修整，得到如图 5-23 所示的效果。

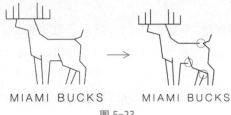

图 5-23

（7）使用选择工具（▶）选中鹿的图形，修改其"描边"属性，将数值改为 8pt，这样鹿的线条就比以前加粗了，如图 5-24 所示。

图 5-24

（8）使用选择工具（▶）选中文字部分，单击拾色器中的"互换填色与描边"图标，然后按照上一步操作的方法，修改其描边的数值为 2pt。如图 5-25 所示。

（9）调整完图形与文字的描边属性，最终在画板可得到如图 5-26 所示的效果。

图 5-25　　　　　　　　　　　　　　　　　图 5-26

5.1.6　轮廓化描边

对于 LOGO 的设计而言，做到 5.1.5 节那种程度其实还未完工，虽然整个 LOGO 以线造型，但是它不能只有描边颜色，没有填充颜色。在 Illustrator 软件中创建线条时，如果要同时应用"描边"与"填色"，则可将线条路径进行轮廓化描边，这样就能把线条转换为闭合路径或者复合路径了。

　　如果不对线条进行轮廓化描边，那么会出现什么问题呢？我们以 5.1.5 节所作的案例为例，如图 5-27 所示，当我们将这个 LOGO 等比缩小时，会发现虽然图形的比例缩小了，但其描边的粗细并没有按比例缩小，仍是原来的设定，这样整个 LOGO 的图形与文字就混杂叠加在一起，跟之前设计的图形有很大的差别，这显然给我们的设计工作带来了麻烦。接下来，我们将运用轮廓化描边的方法解决以上问题。

图 5-27

　　（1）使用选择工具（▶）选择画板中的所有图稿。

　　（2）执行"对象→路径→轮廓化描边"命令，将整个图稿的所有线段进行轮廓化描边的处理。从图 5-28 展示的局部图像对比中，可以清晰地看到操作前后的图形变化，调整前，每一个线段只有"描边"，没有"填色"。调整后，所有的线段变成了闭合路径，都兼具了这两种属性。

图 5-28

Tips:
　　一般情况下，当将描边对象进行轮廓化描边之后，生成的形状可能会由许多锚点组成，如果需要精简路径与锚点，可以执行"对象→路径→简化"命令来简化路径，这意味着我们可以获得更少的锚点。

　　（3）从调整后的局部图形看，图形的组合有点繁多且细碎，可以通过使用合并对象的功能，将多个分散的形状合并为一个整体。使用选择工具（▶）将所有图稿选中，使用 Shift+Ctrl+F9 组合键打开"路径查找器"面板，如图 5-29 所示，单击"联集"图标，将所有独立的形状进行合并。

图 5-29

　　（4）如图 5-30 所示，合并对象前后的变化非常明显，做完"联集"操作之后的图形路径与锚点更加精简。

（5）至此，我们就完成了雄鹿 LOGO 的优化，图稿修改前后的对比如图 5-31 所示。

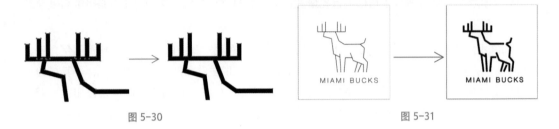

图 5-30　　　　　　　　　　　　　　　　　　　　　图 5-31

（6）执行"文件→存储为"命令，将图稿存储为 ai 格式的源文件，然后执行"文件→导出→导出为"命令，导出便于预览的 JPG 格式文件。

5.2　使用路径工具绘制卡通救护车

使用路径工具绘制卡通救护车的操作步骤如下。

（1）启动 Adobe Illustrator 软件。

（2）新建一个空白文档。具体参数设置如下，文件名称为"卡通救护车"，尺寸为宽 200mm，高 200mm，颜色模式为 CMYK，光栅效果为 300ppi。

（3）执行"视图→画板适合窗口大小"命令，调整适合屏幕预览的图像显示比例。

（4）在工具箱中选择矩形工具（▨），在画板空白区域单击，在弹出的对话框中设置"宽度"为 200mm，"高度"为 200mm，如图 5-32 所示，单击"确定"按钮，得到一个与画板等大的正方形。

（5）使用选择工具（▶）选中正方形，在拾色器中双击"填色"图标，如图 5-33 所示，设置数值为"C=5 M=0 Y=60 K=0"的浅黄色，单击"确定"按钮。双击"描边"图标，将其填充方式设为"无"。这样可以得到一个无描边的淡黄色的正方形，使用选择工具（▶）拖动该正方形，让它与画板对齐，作为整个画板的背景。

图 5-32

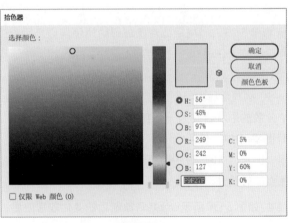

图 5-33

（6）在拾色器中将"填色"设为白色，将"描边"设为"无"。使用矩形工具（▦）在画板中绘制 3 个矩形，组成车头的形状，效果如图 5-34 所示。

（7）使用直接选择工具（▷），选中上排第一个矩形的左下方锚点，向左方进行平行拖动，便可得到一个梯形。此梯形是救护车的挡风玻璃，我们需要将它的颜色调整为浅蓝色，得到如图 5-35 所示的效果。使用选择工具（▶）选中梯形，双击拾色器中的"填色"图标，设置数值为"C=30 M=0 Y=5 K=0"的浅蓝色，单击"确定"按钮，如图 5-36 所示。

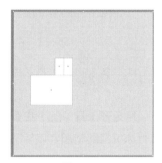

图 5-34

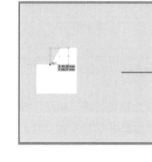

图 5-35

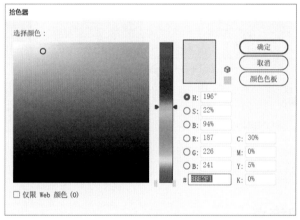

图 5-36

（8）在当代汽车的设计中，车身一般成流线型，一方面可以减少车行进过程中的阻力，另一方面也避免棱角剐蹭伤人。我们接下来需要对车头做一个流线型的处理，方法很简单，就是将矩形转为圆角矩形。使用选择工具（▶）选中下排的矩形，选中矩形内侧左上角的小圆圈，向右下方拖动，圆角的弧度由拖动的距离决定。调整后会发现由于矩形变成了圆角矩形，图稿的右侧缺少了一部分图形，使用选择工具（▶）把右上角的矩形沿垂直方向向下拉长其高度。最终效果如图 5-37 所示。

（9）使用矩形工具（▦）绘制一个红色的正方形与一个灰色的矩形作为救护车顶部的灯。其中红色的数值为"C=20 M=80 Y=50 K=0"，灰色的数值为"C=30 M=20 Y=15 K=0"。灰色的矩形也需要变成圆角矩形，在上一步操作中，我们通过延长上层矩形将被圆角减去的区域进行了覆盖遮挡，在此我们学习另一种操作方法。使用直接选择工具（▷）选中灰色矩形，选中矩形内侧左上角的小圆圈，按住 Shift 键加选左下角的小圆圈，此时这两处的小圆圈中间的原点没有了，与右侧没有被选中的小圆圈不同，如图 5-38 所示。

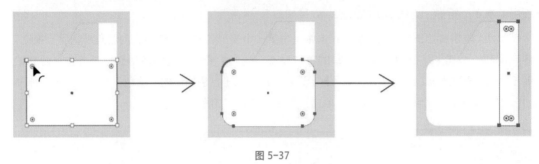

图 5-37

（10）在左侧两个小圆圈被选中的情况下，向右侧拖动直接选择工具（▷），即可将灰色矩形左侧两个直角转为圆角，如图 5-39 所示。

（11）在拾色器中将"填色"设为白色，将"描边"设为"无"。用矩形工具（▨）在车头右侧画一个白色矩形作为车身。然后使用 Ctrl+C 和 Ctrl+F 组合键进行原位复制粘贴，这样就能在白色矩形上方得到一个复制后的矩形，如图 5-40 所示。

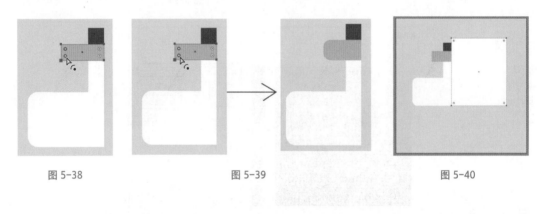

图 5-38　　　　　　　图 5-39　　　　　　　图 5-40

5.2.1　添加锚点

增删锚点的方法在上一节优化雄鹿 LOGO 时已经学过了，所谓"温故而知新"，这些工具常用常新，在这里我们又一次用到了这个工具。

（1）在工具箱的钢笔工具（✏）的下拉菜单中找到添加锚点工具，为矩形的最顶端路径添加两个锚点，如图 5-41 所示。

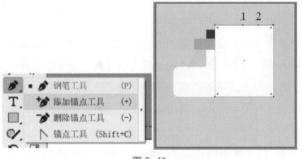

图 5-41

（2）使用直接选择工具（▷）调整顶部路径中 4 个锚点的位置，实现如图 5-42 所示的效果。使用拾色器修改这个区域的颜色，具体数值为"C=55 M=5 Y=35 K=0"，最终图形颜色如图 5-42 所示。

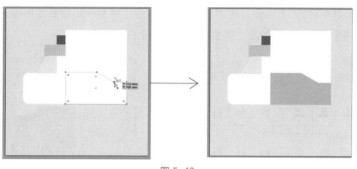

图 5-42

（3）使用选择工具（▶）选中绿色图形，按住 Alt 键沿垂直方向向上方拖动进行复制，然后使用拾色器改变这个图形的颜色，具体数值为"C=65 M=30 Y=5 K=0"，这样可以得到一个蓝色图形。接下来调整两个图形的上下层关系，使用选择工具（▶）选中绿色图形，在该图形上单击鼠标右键，在弹出的快捷菜单中执行"排列→置于顶层"命令，即绿色图形排列在上层，得到如图 5-43 所示的效果。

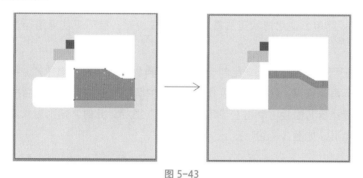

图 5-43

（4）使用同样的方法在上方复制一个灰色图形，其颜色数值为"C=0 M=0 Y=0 K=80"。这 3 个不同颜色的图形就构成了车体的部分装饰，效果如图 5-44 所示。

（5）使用矩形工具（▭）绘制红色十字图案。首先使用矩形工具（▭）绘制一个矩形，使用吸管工具（✒）吸附车头顶部灯的红色，让这两者的颜色一致。然后按 Ctrl+C 和 Ctrl+V 组合键进行复制粘贴，将复制后的矩形旋转 90°，得到如图 5-45 所示的效果。

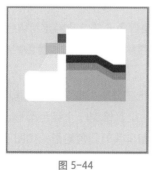

图 5-44

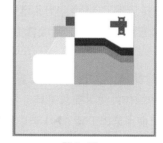

图 5-45

（6）使用选择工具（▶）选中两个红色矩形，按 Shift+F7 组合键打开"对齐"面板，如图 5-46

所示。单击"水平居中对齐"与"垂直居中对齐"图标，便可得到一组进行过精确居中对齐的图形。使用矩形工具（■）绘制其他图案，完成如图 5-47 所示的效果。

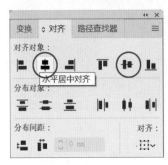

图 5-46

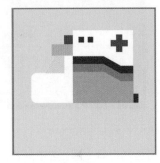

图 5-47

5.2.2　使用路径查找器

上述图形比较简单，使用形状工具基本就能完成绘制。接下来使用路径查找器工具绘制相对复杂的图形。

（1）首先使用矩形工具（■）绘制一个矩形，再使用直线段工具（／）绘制一条直线穿过矩形右上角与左下角的锚点，使用选择工具（▶）选中两个矩形与直线，然后按 Shift+Ctrl+F9 组合键打开"路径查找器"面板，单击左下角的"分割"图标。此时，矩形就被直线一分为二，分成了两个直角三角形，如图 5-48 所示。

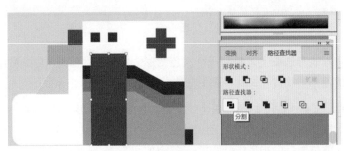

图 5-48

（2）使用直接选择工具（▷）分别选中两个直角三角形并给它们重新填色，得到如图 5-49 所示的效果。左边三角形填充的是用吸管工具（✐）吸附挡风玻璃的浅蓝色，右边三角形则是填充白色。

（3）上一步我们使用路径查找器工具对图形进行了分割，接下来我们再通过绘制车灯来巩固一下这个工具的操作。使用椭圆工具（●）在车头位置绘制一个红色圆形，圆形的颜色与十字形状颜色一致，使用选择工具（▶）选中这个圆形和车头的圆角矩形，如图 5-50 所示。

（4）单击"路径查找器"面板中的"分割"图标，使用直接选择工具（▷）选中左上方被分割的月牙形状，按 Delete 键将这部分区域删除，如图 5-51 所示。最终得到如图 5-52 所示的效果，此时全部的车身都绘制完成了。

图 5-49

图 5-50

图 5-51

图 5-52

5.2.3　创建复合路径

复合路径包含两个或多个已上色的路径，因此在路径重叠处将呈现孔洞。将对象定义为复合路径后，复合路径中的所有对象都将应用堆栈顺序中最后方对象的上色和样式属性。

复合路径用作编组对象，在"图层"面板中显示为"复合路径"。使用直接选择工具（▷）选择复合路径的一部分，可以处理复合路径的各个组件的形状，但无法更改各个组件的外观属性、图形样式或效果，并且无法在"图层"面板中单独处理这些组件。在车轮的绘制过程中将用到复合路径。

> Tips:
> 如果希望在创建复合路径的过程中具有更多的灵活性，可以创建一个复合形状，然后对其进行扩展。

（1）车轮由尺寸大小不同的同心圆组成，在拾色器中设置填色的数值为"C=0 M=0 Y=0 K=80"，使用椭圆工具（⬤）按住 Shift 键画一个灰色的正圆形。按 Ctrl+C 和 Ctrl+F 组合键进行原位复制粘贴，在其上方复制出一个同样属性的圆形，使用选择工具（▶）选中复制后的圆形，按住 Shift+Alt 组合键，使用鼠标左键向圆形内侧拖动，得到一个缩小的圆形，使用拾色器将其填充颜色数值修改为"C=30 M2=0 Y=15 K=0"，如图 5-53 所示。

（2）使用选择工具（▶）选中车轮中尺寸较小的浅灰色的圆形，按 Ctrl+C 和 Ctrl+F 组合键进行原位复制粘贴，在其上方复制出一个同样属性的圆形，使用选择工具（▶）选中复制后的圆形，按住 Shift+Alt 组合键，使用鼠标左键向圆形内侧拖动，得到一个缩小的等比圆形。使用选择工具（▶）选中这两个圆形，执行"对象→复合路径→建立"命令就可以创建一个复合路径，此时可以得到一个具有孔洞的圆环形状，如图 5-54 所示。

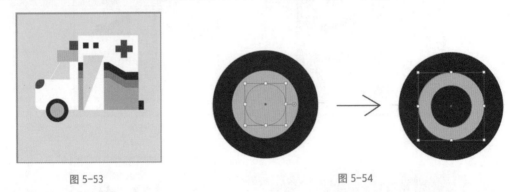

图 5-53　　　　　　　　　　　　　　　　　图 5-54

Tips:
　　复合路径可以实现两个大小不同的矢量图形在重叠之后的打孔，即实现小的图形在大的图形上钻一个孔的效果。复合路径建立之后会被视为一个组，但它包含的各个对象仍然是可以被编辑和释放的。还有一种方法能实现同样的效果，使用选择工具（▶）选中两个图形对象后，在"路径查找器"面板中单击"差集"图标。

　　（3）使用选择工具（▶）选中车轮部分的两个图形，单击鼠标右键，在弹出的快捷菜单中执行"编组"命令，将车轮图形编组。然后按住 Alt 键，沿水平方向向右复制一个新的车轮图像，如图 5-55 所示。

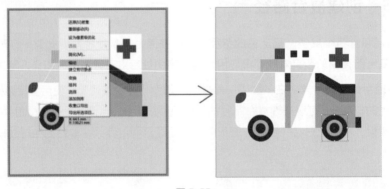

图 5-55

　　（4）至此，整个卡通救护车的图形就绘制完成了，我们将救护车图形与背景图进行居中排列。使用选择工具（▶）选中所有救护车的图形，单击鼠标右键，在弹出的快捷菜单中执行"编组"命令，如图 5-56 所示，将救护车编组。使用选择工具（▶）选中该组图形与背景的黄色正方形，按 Shift+F7 组合键打开"对齐"面板，单击"水平居中对齐"与"垂直居中对齐"图标，将救护车在背景图中进行居中对齐。

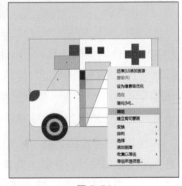

图 5-56

5.2.4 创建偏移路径

卡通救护车的图形绘制完成后，应对其添加一些外部装饰，也就是在救护车的外侧画一条装饰线，这就用到了偏移路径的功能。偏移路径能让选中的路径向内或者向外等比的收缩或扩展出一条新的路径。

（1）使用选择工具（▶）选中救护车的编组，因为在上一步操作中做了编组，所以在此单击一下即可选中整个编组。按 Ctrl+C 和 Ctrl+F 组合键进行原位复制粘贴，这样就能在上层复制出一个属性一样的编组图形，在"路径查找器"面板中单击"联集"图标，整个救护车图形被合并成一个类似剪影效果的闭合路径，如图 5-57 所示。

（2）在拾色器中单击"互换填色和描边"图标，将填色图形转为描边路径，如图 5-58 所示，在救护车周围形成了一个轮廓线的闭合路径。

图 5-57

图 5-58

（3）执行"对象→路径→偏移路径"命令，如图 5-59 所示，在弹出的对话框中调整"位移"的数值为 5mm，选中"预览"复选框，就能看到修改之后的效果图，确认无误后可以单击"确定"按钮。

（4）执行"窗口→描边"命令，打开"描边"面板。单击右上角带有 3 条横线的图标，打开"显示选项"，这样就获取了关于描边设置的完整的属性面板。将"粗细"数值改为 2pt，然后选中"虚线"选项，将数值设为 5pt，如图 5-60 所示。

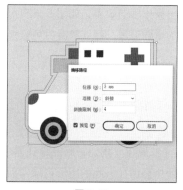

图 5-59

Tips:
在"描边"面板中除了"虚线"，还可以调节"间隙"，数值越大，构成虚线的单个部分的长度越长，反之，数值越小，构成虚线的单个部分的长度越短。

（5）经过上述操作，卡通救护车插画的绘制就全部完成了，最终效果如图 5-61 所示。

（6）执行"文件→存储为"命令，将图稿存储为 ai 格式的源文件，然后执行"文件→导出→导出为"命令，导出便于预览的 JPG 格式文件。

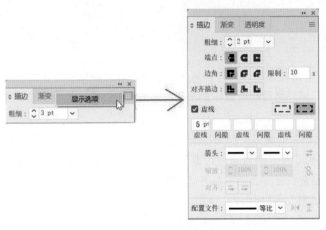

图 5-60

图 5-61

5.3　使用路径查找器绘制长颈鹿插画

路径查找器的功能并非字面意思，不是用于寻找路径，而是将两个以上的形状叠加组合后生成新的形状。路径查找器可以使用交互模式来组合多个对象。在使用路径查找器时，不能编辑对象之间的交互。执行"窗口→路径查找器"命令，可以打开"路径查找器"面板，该面板中包含 10 个工具选项，分别是"联集""减去顶层""交集""差集""分割""修边""合并""裁剪""轮廓""减去后方对象"。从工具的图标样式可以大致看出操作后的效果，如图 5-62 所示。路径查找器是 Illustrator 软件绘制图形的重要工具，熟练掌握后可极大地提升绘图的效率。

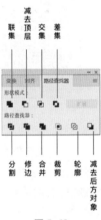

图 5-62

Tips:
按 Shift+Ctrl+F9 组合键可快速打开"路径查找器"面板。

现在，我们将路径查找器中的 10 个工具逐一进行解析。从图 5-63 中可以清晰地看到任意两个叠加在一起的图形在操作前与操作后的效果对比图。当然，在实际绘画过程中，我们可能会同时将多个图形并置在一起处理，但无论图形的数量是两个还是多个，皆可使用路径查找器工具实现心仪的效果。

- **联集：** 可将两个叠加在一起的图形对象合并为一个图形。
- **减去顶层：** 减去图形的顶层区域。在图 5-63 中，黄色图形处在底层，蓝色图形处在顶层，减去顶层的操作便是减去蓝色图形的区域，最终得到月牙形的黄色图形。
- **交集：** 获得两个图形的交集区域图形。
- **差集：** 与"交集"相反，将两个图形的交集区域减去。

■ **分割**：可将交叠的图形按照各自轮廓线进行分割，分割后产生一个新的复合形状。若使用选择工具（▶），可选中整个图形的编组；若使用直接选择工具（▷），则可选中每个部分的形状，然后可更改其属性。

■ **修边**：将两个图形合并后减去描边，不合并颜色。

■ **合并**：将两个图形合并后减去描边，合并同样属性的颜色。

■ **裁剪**：获得两个图形的交集区域，并减去描边。

■ **轮廓**：获得两个图形的轮廓线描边，描边颜色与原图形的填色一致。

■ **减去后方对象**：与"减去顶层"相反，减去图形的底层区域。

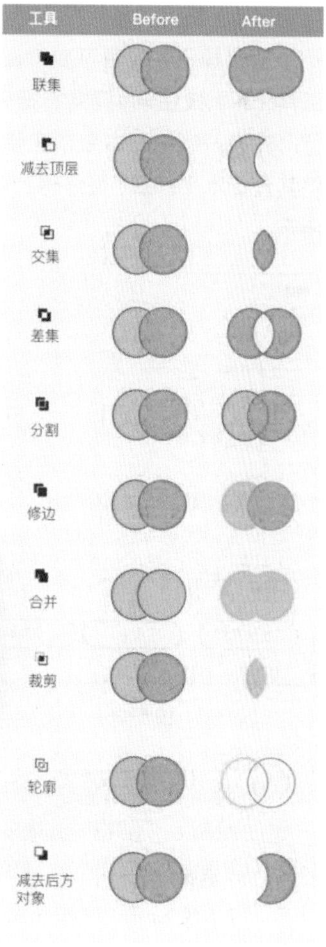

> Tips:
> 路径查找器中的有些工具获得的效果是相反的，可以并置在一起，便于记忆。比如"交集"与"差集"、"减去顶层"与"减去后方对象"。

使用路径查找器绘制长颈鹿插画的操作步骤如下。

（1）启动 Adobe Illustrator 软件。

（2）新建一个 A4 尺寸的文档。执行"文件→新建"命令，在顶部文件类型中选"打印"，选择 A4，颜色模式为 CMYK，光栅效果为 300ppi，单击"创建"按钮。

（3）执行"视图→画板适合窗口大小"命令，调整适合屏幕预览的图像显示比例。

图 5-63

（4）在拾色器中双击"填色"图标，设置橘色，单击"确定"按钮，将"描边"的填充方式设为"无"。

（5）选择圆角矩形工具（▢），在画板空白区域单击鼠标左键，在弹出的对话框中将"圆角半径"的数值改为 30mm，如图 5-64 所示。使用圆角矩形工具（▢）画出长颈鹿的头部，如图 5-65 所示。

图 5-64

图 5-65

（6）使用圆角矩形工具（▭）绘制两个不同尺寸、不同颜色的圆角矩形叠加在一起，作为长颈鹿的耳朵，配色可参考图 5-67。将两个图形编组，按住 Shift 键旋转 45°，然后使用选择工具（▶）按住 Alt 键向右拖曳复制，选中复制的图形，单击鼠标右键，在弹出的快捷菜单中执行"变换→镜像"命令，在弹出的"镜像"对话框中选中"垂直"单选按钮，如图 5-66 所示，将其进行水平翻转，最终得到两只倒"八"字形的耳朵图形，将两只耳朵进行编组，效果如图 5-67所示。

图 5-66   图 5-67

Tips:
    当绘制人或动物时，很多身体部位是对称的。比如眼睛、耳朵、鼻孔、手臂、腿脚、鞋子等，我们只需要画出其中一个，然后将其复制，并使用"镜像"命令得到一个水平翻转的图形即可。

（7）按 Shift+F7 组合键打开"对齐"面板，使用选择工具（▶）选中长颈鹿头部与编组的两只耳朵，单击"对齐"面板中的"水平居中对齐"图标。选中头部图形，单击鼠标右键，在弹出的快捷菜单中执行"排列→置于顶层"命令，最终可得到如图 5-68 所示的效果。

Tips:
    关于编组，当绘制人或动物时，涉及眼睛、耳朵、四肢等对称图形的对齐，需先将对称的图形进行编组，然后进行"居中对齐"操作，这样更加方便。

（8）使用椭圆工具（⬤）绘制不同尺寸的图形作为长颈鹿的眼睛、鼻孔与下巴，分别将其编组，然后以头部为基准，以头部作为关键对象进行"水平居中对齐"。以眼睛的对齐为例，使用选择工具（▶）选中长颈鹿的头部与编组的两只眼睛，然后单击头部图形，此时头部周围的蓝色的轮廓线变粗了，如图 5-69 所示，这意味着头部已被设为关键对象，单击"对齐"面板中的"水平居中对齐"图标即可实现所需效果。以同样的方法，完成头部与下巴以及鼻孔的对齐，最终画面效果如图 5-70 所示。

Tips:
    在对齐时，如果选中两个需要对齐的图形对象后直接单击"对齐"面板中的"水平居中对齐"图标，会发现头部的位置发生了偏移，这样的话，上一步头部与耳朵所做的对齐就没有意义了。此时我们需要的效果是，头部保持不动，其他需要以此为基准进行水平居中对齐的图形自动移到合适位置，此处就需要用到在第 3 章中学到的"对齐到关键对象"的操作。

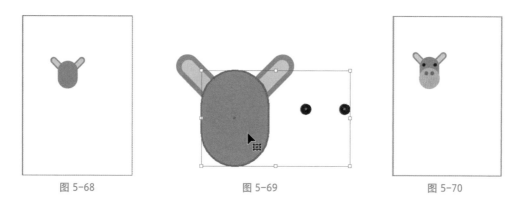

图 5-68 图 5-69 图 5-70

（9）使用形状工具绘制圆形与矩形组成长颈鹿的角，使用"对齐"面板进行水平居中对齐后，按 Shift+Ctrl+F9 组合键打开"路径查找器"面板，单击"联集"图标，合并形状，然后复制出另一只角，效果如图 5-71 所示。将两只角编组，然后以头部图形为关键对象进行水平居中对齐，实现如图 5-72 所示的画面效果。

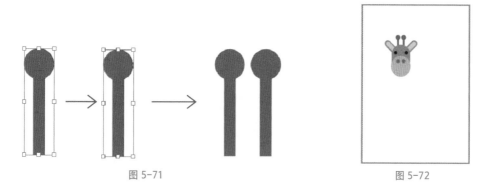

图 5-71 图 5-72

（10）选择椭圆工具（ ），在拾色器中将"描边"颜色设为与头部颜色一致的橘色，将"填色"填充方式设为"无"，按住 Shift 键画一个橘色描边圆形，使用直接选择工具（ ）选中圆形顶部锚点并按 Delete 键删除，可得到一个半圆的描边路径，执行"对象→扩展"命令，如图 5-73 所示，此为长颈鹿的嘴巴。

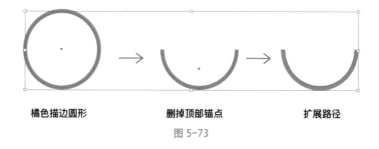

橘色描边圆形 删掉顶部锚点 扩展路径

图 5-73

（11）使用圆角矩形工具（ ）在半圆的嘴巴中间绘制两个圆角矩形，作为长颈鹿嘴边食用的青草。使用选择工具（ ）选中上述图形，在"路径查找器"面板中单击"分割"图标将图形进行分割，使用直接选择工具（ ）选中半圆形内侧的绿色部分，按 Delete 键删除。选中圆环区域的绿色，将其颜色改为原先的橘色，得到如图 5-74 所示的效果。为了使图形路径更加精简，可以使用"路径查找器"面板中的"联集"工具，将嘴巴和青草分别进行合并。

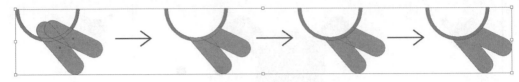

图 5-74

（12）最后，将这部分口衔青草的图形放在长颈鹿的嘴部，实现如图 5-75 所示的效果，至此，长颈鹿的头部绘制完毕。

（13）使用圆角矩形工具（▭）绘制长颈鹿的颈部与身体，然后使用"路径查找器"面板中的"联集"工具将二者的形状合并。使用椭圆工具（⬭）绘制长颈鹿身上的斑点，如图 5-76 所示，图中的半圆形斑点是通过"路径查找器"面板中的"分割"工具实现的，具体操作与上一步类似，最终实现如图 5-77 所示的效果。

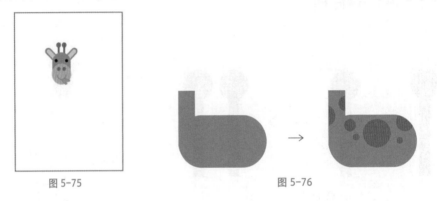

图 5-75   图 5-76

（14）使用形状工具绘制长颈鹿的四肢与尾巴，注意图形的上下层关系，实现如图 5-78 所示的效果。

（15）使用圆角矩形工具（▭）绘制草丛作为背景装饰，草丛的颜色与长颈鹿口中所衔青草的颜色应一致。选中所有图形进行编组，并将整组图形调整到画板中心的位置。至此，长颈鹿插画绘制完毕，画面效果如图 5-79 所示。

图 5-77   图 5-78   图 5-79

（16）执行"文件→存储为"命令，将图稿存储为 ai 格式的源文件，然后执行"文件→导出→导出为"命令，导出便于预览的 JPG 格式文件。

5.4　使用图像描摹将位图转为矢量图

Illustrator 软件是可以绘制矢量图形的工具，在存储文件时可以导出 JPEG 或 PNG 格式的栅格图像。基于此产生了一个有意思的问题：如果我们现在有一张栅格图像，能不能快速将其转换成矢量图？答案是肯定的，借助图像描摹工具就可实现。

使用图像描摹的方式，首先选中图像，然后执行"对象→图像描摹→建立"命令，使用自己预设的参数进行描摹。在默认情况下，会将图像转换成黑白描摹结果。也可以在控制面板或属性面板中单击"图像描摹"按钮，或通过"描摹预设"按钮（⌄）选择一个预设。预设选项中有高保真度照片、低保真度照片、3 色、6 色、16 色、灰阶、黑白徽标、素描图稿、剪影、线稿图、技术绘图等。

Tips:
在"图像描摹"面板中，启用预览可以查看修改后的结果。

将位图转为矢量图有很多优势。一方面，这极大地提升了设计师的工作效率；另一方面，图像尺寸在放大很多倍之后依然保持着超高的清晰度，不会出现噪点。下面通过实例来一起学习这个重要的工具的使用技巧。

使用图像描摹将位图转为矢量图的操作步骤如下。

（1）启动 Adobe Illustrator 软件，执行"文件→新建"命令，参数设置文件名称为"狐狸　头像"，尺寸为宽 200mm，高 200mm，颜色模式为 CMYK，光栅效果为 300ppi。

图 5-80

（2）执行"文件→打开"命令，打开素材文件，如图 5-80 所示。

（3）执行"视图→画板适合窗口大小"命令，调整适合屏幕预览的图像显示比例。

（4）使用选择工具（▶）选中置入的位图素材，此时顶部导航栏会出现该图像属性的相关选项，如图 5-81 所示。

图 5-81

（5）单击"图像描摹"右侧描摹预设按钮（⌄），可以调整描摹预设。此处有很多选项供大家选择，我们可以根据选项名称的字面意思大致推测该选项可实现的效果。比如"高保真度照片"显然是可以生成高保真度的图像，"素描图稿"可以绘制如素描一般的线条等。通过观察，可发现素材图只有黑白灰 3 种颜色组成，因此选中"3 色"选项，如图 5-82 所示。

Tips:
置入图像的分辨率决定了描摹的速度。比如，置入的图像分辨率越高，其图像描摹的速度越慢。

（6）此时图像发生了变化，在顶部导航栏单击"扩展"按钮，可将描摹对象转为路径，如图 5-83 所示。此时图像位图就转换成了矢量图，图形的轮廓线是由路径和锚点构成的，如图 5-84 所示。

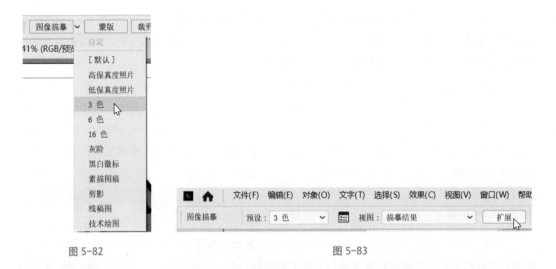

图 5-82   图 5-83

Tips:
建立图像描摹还可以通过执行"对象→图像描摹→建立"命令实现，这将使用默认参数进行描摹。在默认情况下，Illustrator 软件会将图像转换成黑白描摹结果。

（7）使用直接选择工具（▷）选中狐狸面部的部分形状，更改其颜色为橘红色，一张红色狐狸头像就绘制完成了，如图 5-85 所示。

图 5-84   图 5-85

（8）执行"文件→存储为"命令，将图稿存储为 ai 格式的源文件，然后执行"文件→导出→导出为"命令，导出便于预览的 JPG 格式文件。

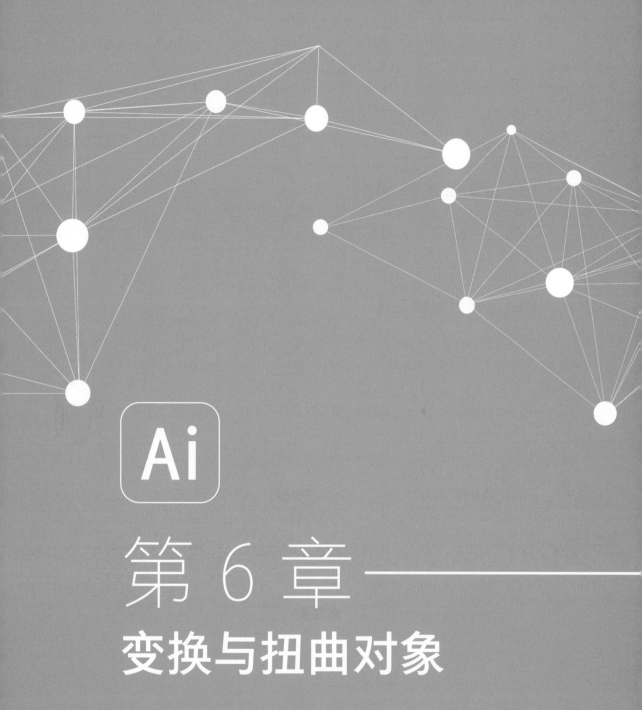

Ai

第 6 章————

变换与扭曲对象

　　Adobe Ilustrator 提供了非常强大的对象编辑功能，在本章中将讲解旋转（精确旋转和不精确旋转）、镜像、缩放（等比缩放和非等比缩放，缩放对话框的使用）、倾斜（水平倾斜和垂直倾斜）、变形和扭曲与变换对象等的高级操作，这些功能会为以后作图奠定良好的基础。

　　本章通过立体魔方的设计制作，使用户掌握基本绘图工具的旋转、镜像、缩放及倾斜命令等的使用技巧。

6.1　绘制彩色魔方

　　在本节中将讲解旋转、比例缩放、镜像、整形和倾斜 5 个工具的使用方法，并通过制作实例"彩色魔方"来进一步熟悉这些工具的功能。

6.1.1　使用旋转工具

　　对象的旋转分为精确旋转和不精确旋转两种方式。精确旋转是指通过角度数值旋转；不精确旋转是指任意角度旋转。下面通过制作实例"旋转火箭"来了解两种旋转方式的区别。

图 6-1

　　（1）使用选择工具（▶），移动鼠标指向对象单击选中，如图 6-1 所示。

　　（2）选择旋转工具（快捷键为 R），按 Enter 键，此时弹出"旋转"对话框，如图 6-2 所示，Illustrator 默认的旋转中心是对象的中心点。在"角度"文本框中输入数值 60，单击"复制"按钮，如图 6-2 所示。

图 6-2

　　（3）"旋转"对话框中各项参数意义如下。

　　■　**角度：** 对图形进行 360°的旋转设置，输入正角度可逆时针旋转对象，输入负角度可顺时针旋转对象。

　　■　**选项：** 选项组中的"变换对象"和"变换图案"选项，只有在对象填充了图案时才能被激活。

　　◇　**变换对象：** 将只旋转对象。

　　◇　**变换图案：** 对象中填充的图案将会随着对象一起旋转。如果只想旋转图案，而不想旋转对象，则请取消执行"对象"命令。

■ **复制**：将旋转运用在复制的图形上，可以连续复制多个相同旋转角度递增或递减的图形。

（4）执行"对象→变换→再次变换"命令（组合键为 Ctrl+D），多选择几次后可围绕一圈，如图 6-3 所示。

通过"旋转"对话框，可以在"角度"文本框中输入数值精确设置旋转角度；如果不需要精确设置旋转角度，则可以通过范围框以任意角度旋转对象，如图 6-4 所示。

图 6-3   图 6-4

（5）在上面的操作中，旋转中心是对象的中心点，有时候我们需要改变旋转的中心点。单击"旋转工具"按钮，按住 Alt 键不放的同时单击鼠标，单击的地方即自定义的中心点，此时弹出"旋转"对话框，在其中精确设置旋转角度，如图 6-5 所示。设置完成后单击"复制"按钮。图中下方青色的点即自定义的中心点。

（6）按 Ctrl+D 组合键，多选择几次后可围绕一圈，如图 6-6 所示。

图 6-5   图 6-6

（7）在按住 Alt 键单击确定旋转中心时，每次单击的旋转中心点位置不一样，最终完成的旋转效果也不一样，如图 6-7 所示。

（8）除了旋转工具，还可以使用"变换"面板来旋转对象。执行"窗口→变换"命令（组合键为 Shift+F8），弹出"变换"面板，在角度选项框中输入旋转角度，按 Enter 键确认，也可以旋转对象，如图 6-8 所示。

"变换"面板用于图形对象大小、旋转、角度等的调整，可以直接输入具体的参数值，因此可以准确地进行操作。

"变换"面板中各项参数意义如下。

■ **参考点**：在对象上决定基准顶点。

■ **X、Y**：以 X、Y 轴为基准输入数值，从而移动对象的位置。

■ **宽、高**：调节对象的宽度和高度大小。

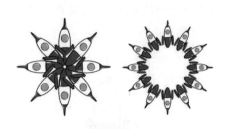

图 6-7 　　　　　　　　　　　　　　　　　　　图 6-8

- **约束宽度和高度比例**：等比或者不等比缩放。

- **旋转**：旋转对象的角度。

- **倾斜**：调整对象的倾斜角度。

- **缩放圆角**：当图形对象有圆角时，其圆弧角度一起变换。

- **缩放描边和效果**：当更改对象的大小时，描边和对象添加的效果也一起改变。

单击"变换"面板右上角的"扩展菜单"按钮，弹出扩展菜单，如图 6-9 所示。

其中各选项意义如下。

- **隐藏选项**：隐藏"缩放圆角"和"缩放描边和效果"两个选项。

- **创建形状时显示**：选中此选项后，创建形状时将自动打开"变换"面板。

- **水平翻转**：水平翻转所选的对象。

- **垂直翻转**：垂直翻转所选的对象。

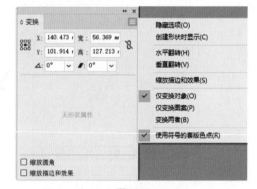

图 6-9

- **缩放描边和效果**：在更改对象的大小时，描边和对象添加的效果也一起改变。

- **仅变换对象**：在一个群组内进行更改操作时，只更改对象。

- **仅变换图案**：在一个群组内进行更改操作时，只更改图案。

- **变换两者**：在一个群组内进行更改操作时，同时更改对象和图案。

（9）还有两种方式可以打开"旋转"对话框。执行"对象→变换→旋转"命令或双击旋转工具，都可弹出"旋转"对话框，在"角度"选项中可以设置旋转的角度。

（10）以上所介绍的所有工具，除了在对话框中设置参数精确操作之外，都可以通过拖动鼠标来对图形对象进行操作。

6.1.2　使用镜像工具

在 Illustrator 中，所有对象都可以做镜像处理。镜像对象是指将对象在水平或垂直方向上进行翻转，下面通过制作实例"镜像小屋"来掌握水平镜像和垂直镜像、自定义镜像的中心点及按照固定的角度镜像等命令的使用。

（1）使用选择工具（▶）单击选择对象。然后执行镜像工具（快捷键为 O），按 Enter 键，此时弹出"镜像"对话框，在对话框中进行如图 6-10 所示的参数设置，设置完成后单击"确定"按钮。镜像后的效果如图 6-10 所示。

图 6-10

（2）"镜像"对话框中各选项意义如下。

■　**轴**：定义图形以轴为中心进行镜像，包括水平、垂直和具体角度的轴设置。

◇　**水平**：对象可以水平镜像。

◇　**垂直**：对象可以垂直镜像。

◇　**角度**：可以调节镜像的角度。

■　**选项**：选项组中的"变换对象"和"变换图案"选项，只有在对象填充了图案时才能被激活。

◇　**变换对象**：将只镜像对象。

◇　**变换图案**：对象中填充的图案将会随着对象一起被镜像。

■　**复制**：将镜像运用在复制的图形上，可以连续复制多个相同镜像角度递增或递减的图形。

按 Enter 键后，在弹出的"镜像"对话框中，Illustrator 默认的镜像中心是对象的中心点，沿水平轴选择的是垂直镜像，沿垂直轴选择的是水平镜像。

（3）沿水平轴垂直镜像后的效果如图 6-11 所示。

（4）选择镜像工具，按 Enter 键，在弹

图 6-11

出的"镜像"对话框中设置"角度"为 30，设置完成后单击"复制"按钮。此时对象将按照输入的角度进行镜像变换，效果如图 6-12 所示。

（5）选择镜像工具，按住 Alt 键不放的同时单击鼠标，单击的地方即自定义的中心点，此

时弹出"镜像"对话框，在其中进行参数设置，完成后单击"复制"按钮，如图 6-13 所示。图
中右上方青色的点即自定义的中心点。

图 6-12

图 6-13

（6）执行"对象→变换→镜像"命令或双击镜像工具，都可弹出"镜像"对话框，在对话
框中分别进行参数设置。

（7）还可以通过辅助键来进行镜像操作。按住 Shift 键的同时将图形的一边向对边拖动，
图形在镜像水平翻转的同时也进行垂直翻转。

我们可以运用镜像工具制作一个对称的拼贴图案，步骤如下。

（1）绘制一个简单的三角形，如图 6-14 所示。

（2）选择镜像工具，按住 Alt 键的同时在图形的右侧单击，确定镜像的中心点，如图 6-15
所示。

（3）在弹出的"镜像"对话框中设置"角度"为 45 度，单击"复制"按钮，如图 6-16 所示。

（4）选中两个三角形，双击镜像工具，在弹出的对话框中设置"轴"为"垂直"，单击"复
制"按钮，即可制作出对称的拼贴图案，如图 6-17 所示。

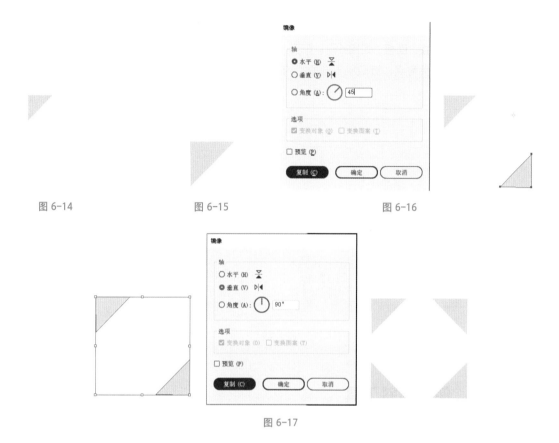

图 6-14   图 6-15   图 6-16

图 6-17

6.1.3 使用比例缩放工具

比例缩放工具可以等比或者不等比来改变对象的大小和长宽比例。下面通过制作实例"缩放蝴蝶"来掌握比例缩放工具的使用方法。

（1）单击选择要缩放的对象，如图 6-18 所示。

（2）选择比例缩放工具，按 Enter 键，弹出"比例缩放"对话框，在对话框中可以进行精确的参数设置，并且可以复制对象，如图 6-19 所示。

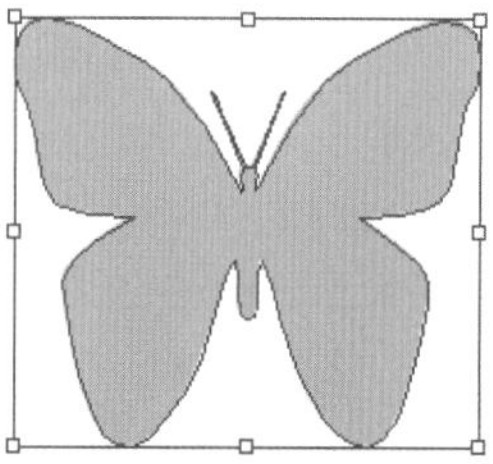

"比例缩放"对话框中部分选项意义如下。

图 6-18

■ **比例缩放**：输入数值以设置对象的缩放比例。

◇ **等比**：设置以原对象的等比宽高比例做缩放操作。

◇ **不等比**：水平和垂直分别按比例缩放，会造成图形的变形，如图 6-20 所示。

（3）Illustrator 默认的比例缩放中心是对象的中心点，可以按住 Alt 键自定义中心点，此时弹出"比例缩放"对话框，在对话框中进行参数设置。

（4）执行"对象→变换→缩放"命令或双击比例缩放工具，都可以弹出"比例缩放"对话框，在对话框中可分别设置相应的参数来缩放对象。

（5）还可以使用"变换"面板来比例缩放对象。执行"窗口→变换"命令（组合键为Shift+F8），显示"变换"面板，如图6-21所示。可在"宽"或"高"中输入数值，单击左上角"参考点"可定义倾斜的参考点，选取或不选取"约束宽度和高度比例"图标可以等比或不等比缩放对象，如图6-21所示。

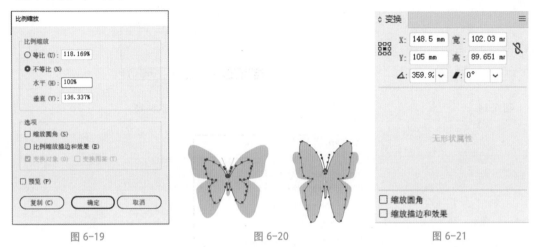

图 6-19　　　　　　　　　图 6-20　　　　　　　　　图 6-21

6.1.4　使用倾斜工具

倾斜工具可以使对象产生水平倾斜或垂直倾斜的效果。主要用于对图形进行透视的倾斜变换，设置倾斜角度后可以复制一个新的倾斜图形并保留原图形。倾斜对于创建投影十分有用。

下面通过制作实例"倾斜闹钟"来掌握倾斜对象的方法，在以后的设计作图过程中，用户应根据自己不同的需要来选择不同的倾斜方法，以便更加快捷地作图。

（1）单击选择要倾斜的对象，如图6-22所示。

（2）单击"倾斜工具"按钮，按住鼠标左键拖曳到合适的角度后松开即可，对象的倾斜效果如图6-23所示。

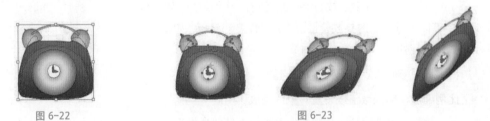

图 6-22　　　　　　　　　　　　　　　　图 6-23

（3）单击"倾斜工具"按钮，按 Enter 键，在弹出的"倾斜"对话框中可以进行精确的参数设置，并且可以复制对象。倾斜复制后的效果如图6-24所示。

（4）"倾斜"对话框中各选项意义如下。

■　**倾斜角度**：输入一个介于 – 359°～ 359°的倾斜角度值。倾斜角是沿顺时针方向应用于对象的相对于倾斜轴一条垂线的倾斜量。

■ **轴**：定义图形以轴为中心进行倾斜，确定沿哪条轴倾斜对象。包括水平、垂直和具体角度的轴设置。

　　◇ **水平**：对象可以水平倾斜。

　　◇ **垂直**：对象可以垂直倾斜。

　　◇ **角度**：可以调节倾斜的角度。

■ **选项**：选项组中的"变换对象"和"变换图案"选项，只有在对象填充了图案时才能被激活。

　　◇ **变换对象**：将只倾斜对象。

　　◇ **变换图案**：对象中填充的图案将会随着对象一起倾斜。如果只想倾斜图案，而不想倾斜对象的话，则请取消执行"对象"命令。

■ **复制**：将倾斜运用在复制的图形上，可以连续复制多个相同倾斜角度递增或递减的图形。

（5）单击"倾斜工具"按钮，单击选择要倾斜的对象，按住 Alt 键确定中心点，此时弹出"倾斜"对话框，在对话框中进行参数设置，设置完成后再单击定位倾斜的按钮。倾斜复制后的效果如图 6-25 所示。

图 6-24

图 6-25

（6）执行"对象→变换→倾斜"命令或双击倾斜工具，都可以弹出"倾斜"对话框，在对话框中可分别设置相应的参数来倾斜对象。

（7）还可以使用"变换"面板来倾斜对象。执行"窗口→变换"命令（组合键为 Shift+F8），显示"变换"面板，如图 6-26 所示。可在"倾斜角度选项框"中输入要倾斜的角度，单击左上角"参考点"可定义倾斜的参考点，如图 6-26 所示。设置完成后按 Enter 键确认，即可倾斜对象。

图 6-26

6.1.5　使用整形工具

整形工具可以在保持路径整体细节完整无缺的同时，调整所选择的锚点。

具体使用方法很简单，但是使用前必须先用直接选择工具（▷）选择所需要移动的节点或者线段，然后才能使用整形工具。直接拖曳需要移动的节点即可以移动相关节点到需要的位置，如图 6-27 所示。

还可以把直线变成曲线。鼠标光点放在直线线段上，按住鼠标左键不放，往上拖动，即可得到如图 6-28 所示的效果。

整形工具可以非常方便地改变物体的形状，比如用整形工具拖动一条曲线，它会自动调节曲线附近的锚点，以保持大致的形状不变。如果手动移动锚点，则可能需要选择很多操作，如图 6-29 所示。

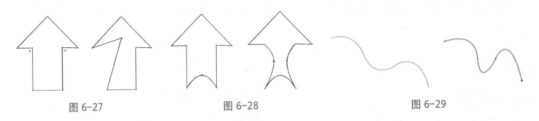

图 6-27　　　　　　　　　图 6-28　　　　　　　　　图 6-29

6.1.6　实例制作"彩色魔方"

（1）制作魔方的正面。新建文件，将填充色设为黑色。执行"圆角矩形"命令，在画布上单击，弹出"圆角矩形"对话框，绘制一个黑色圆角矩形。参数与效果如图 6-30 所示。

（2）再绘制一个小矩形。填充色设为绿色，调整好位置。参数和效果如图 6-31 所示。

图 6-30　　　　　　　　　　　　　　　　　图 6-31

（3）复制一个小矩形。选中绿色矩形，按 Enter 键打开"移动"对话框，设置"水平"为 33mm，即将小矩形往右移动 33mm，与第一个小矩形之间保持 33mm 的距离。参数与效果如图 6-32 所示。

（4）再绘制第三个小矩形。保持第二个小矩形选中的状态，按 Ctrl+D 组合键选择再次变换命令。如果取消了选中状态，则不能选择再次变换命令，这时可以退回去重新做第三步，如图 6-33 所示。

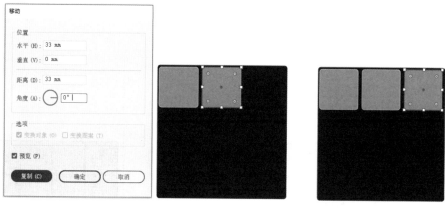

图 6-32   图 6-33

（5）复制得到第二排小矩形。选中第一排 3 个小矩形，打开"移动"对话框，设置好参数后单击"复制"按钮，得到第二排小矩形。参数与效果如图 6-34 所示。

（6）再绘制第三排小矩形。得到魔方的一个面，如图 6-35 所示。

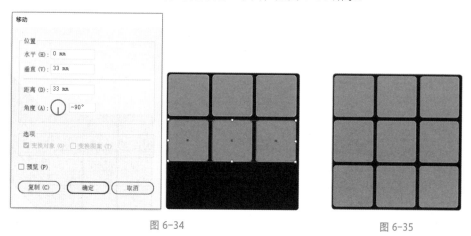

图 6-34   图 6-35

（7）制作魔方的侧面。全部选中正面，打开"移动"对话框，设置参数，得到复制图形，如图 6-36 所示。

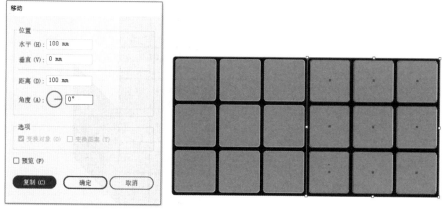

图 6-36

（8）缩小侧面。执行"比例缩放"命令，自定义锚点，然后在打开的对话框中设置参数，得到如图 6-37 所示的效果。

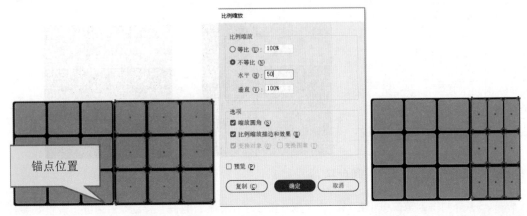

图 6-37

（9）倾斜侧面。执行"倾斜"命令，自定义锚点，然后在打开的对话框中设置参数，得到如图 6-38 所示的侧面效果。

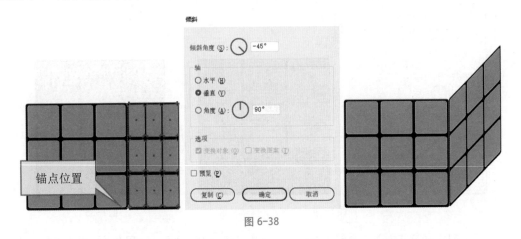

图 6-38

（10）制作魔方的上面。选中魔方的正面，打开"移动"对话框，设置参数，得到如图 6-39 所示的效果。

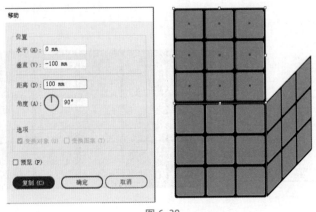

图 6-39

（11）缩小魔方上面。执行"比例缩放"命令，自定义锚点，然后在打开的对话框中设置参数，得到如图 6-40 所示的效果。

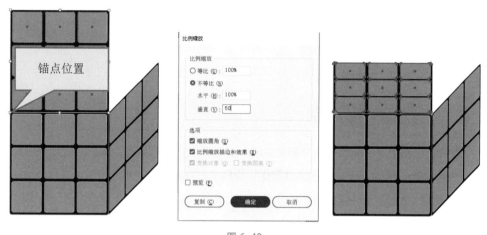

图 6-40

（12）倾斜魔方上面。执行"倾斜"命令，自定义锚点，然后在打开的对话框中设置参数，得到如图 6-41 所示的立体魔方效果。

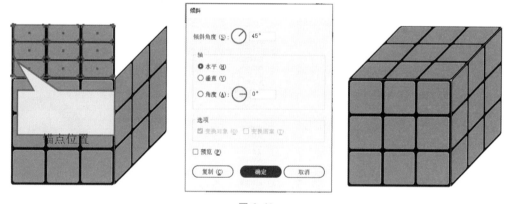

图 6-41

（13）制作彩色魔方。分别选中小矩形，调整颜色，最终效果如图 6-42 所示。

图 6-42

6.2　绘制抽象艺术图案

在本节中将讲解"变形""扭曲和变换"两个命令的使用方法，并通过制作实例"绘制抽象艺术图案"来进一步熟悉这些工具的功能。

6.2.1　使用变形命令

变形命令可以使对象产生各种变形的效果，变形效果也称为封套效果，它可以将对象变形为选定的形状。与"自由扭曲"不同之处在于，通过变形效果可以使用许多点和各种预设的项，从各种预设的变形效果中可以选择弧形、下弧形、上弧形、拱形、凸出、凹壳、凸壳、旗形、波形、鱼形、上升、鱼眼、膨胀、挤压和扭转。

下面通过制作实例"变形圆环"来掌握变形命令的各种使用方法，在以后的设计作图过程中，用户应根据自己不同的需要来选择不同的变形方法，以便更加快捷地作图。

（1）选择圆环图形，执行"效果→变形"命令，如图 6-43 所示。

在变形效果中提供了以下 15 种不同的变形样式。

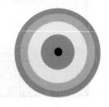

- **弧形**：以弧形形状在对象的顶部和底部弯曲形状。

- **下弧形**：只弯曲弧形的下半部分。

- **上弧形**：只弯曲弧形的上半部分。

- **拱形**：将上部、中部和底部区域弯曲成一个弧形形状。

图 6-43

- **凸出**：从形状的顶部和底部凸出。

- **凹壳**：在中间进行挤压，并从形状的底部区域凸出。

- **凸壳**：在中间进行挤压，并从形状的顶部区域凸出。

- **旗形**：在顶部和底部将形状变形为上和下曲线。

- **波形**：在顶部、中间和底部将形状变形为上和下曲线。

- **鱼形**：将形状变为鱼形。

- **上升**：从左下到中上，向上挤压形状。

- **鱼眼**：只凸出形状的中心区域。

- **膨胀**：凸出整个形状。

■ **挤压**：分别在形状的左边和右边进行挤压。

■ **扭转**：围绕中心扭转对象，类似于扭转效果。

（2）选择"弧形"命令，如图 6-44 所示。

"变形选项"对话框中各选项意义如下。

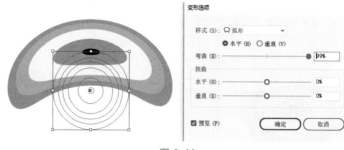

图 6-44

■ **样式**：设置变形的样式。

◇ **水平 / 垂直**：设置变形的轴为水平或者垂直。

■ **弯曲**：通过设置百分比定义变形的弯曲强度。

其中"扭曲"的各项参数如下。

■ **水平扭曲**：设置对象按百分比增加或减少水平扭曲的强度。

■ **垂直扭曲**：设置对象按百分比增加或减少垂直扭曲的强度。

（3）选择"下弧形"命令，如图 6-45 所示。

（4）选择"上弧形"命令，如图 6-46 所示。

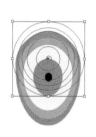 

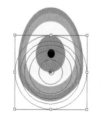 

图 6-45

图 6-46

（5）选择"拱形"命令，如图 6-47 所示。

（6）选择"凸出"命令，如图 6-48 所示。

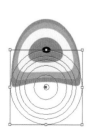 

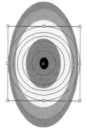 

图 6-47

图 6-48

（7）选择"凹壳"命令，如图 6-49 所示。

（8）选择"凸壳"命令，如图 6-50 所示。

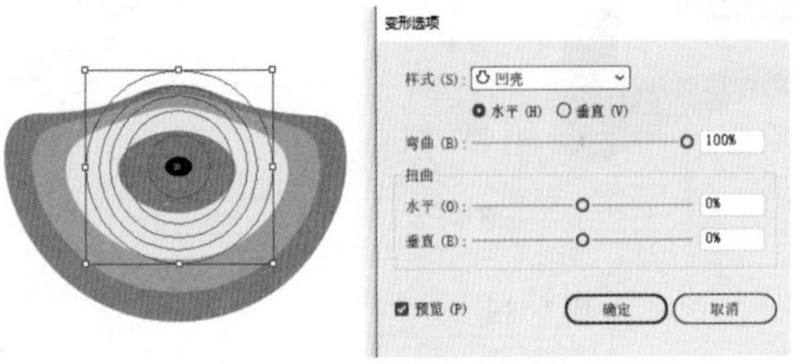

图 6-49

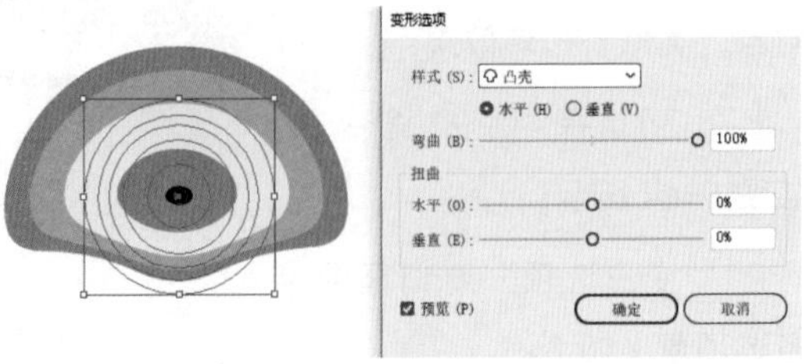

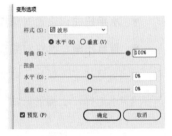
图 6-50

（9）选择"旗形"命令，如图 6-51 所示。

（10）选择"波形"命令，如图 6-52 所示。

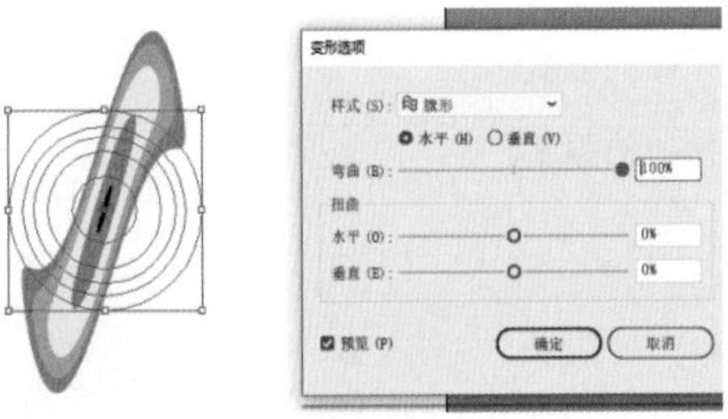

图 6-51

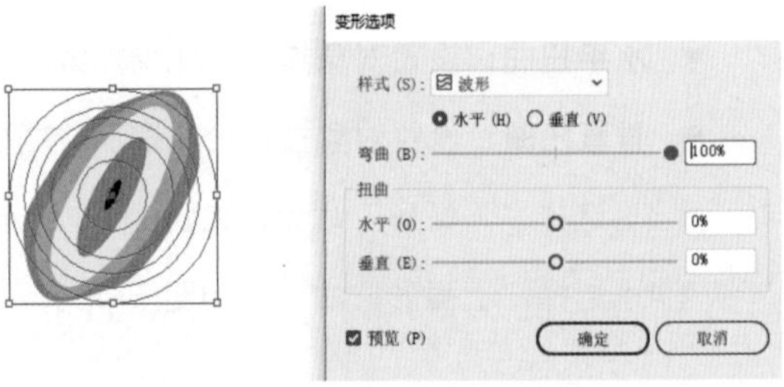

图 6-52

（11）选择"鱼形"命令，如图 6-53 所示。

（12）选择"上升"命令，如图 6-54 所示。

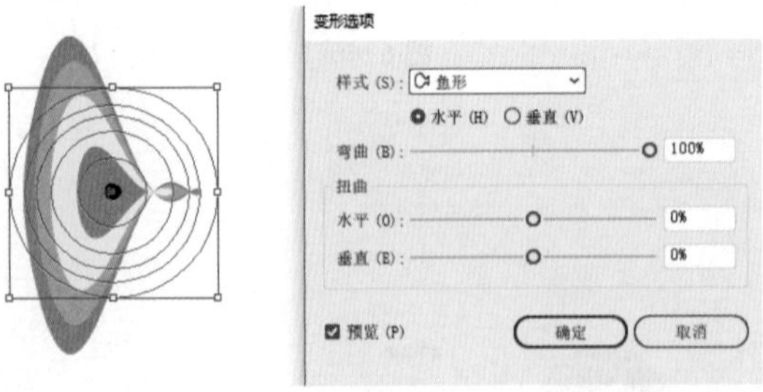

图 6-53

图 6-54

（13）选择"鱼眼"命令，如图 6-55 所示。

（14）选择"膨胀"命令，如图 6-56 所示。

（15）选择"挤压"命令，如图 6-57 所示。

（16）选择"扭转"命令，如图 6-58 所示。

图 6-55

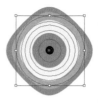

图 6-56

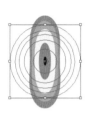

图 6-57

图 6-58

6.2.2 使用扭曲和变换工具

扭曲和变换工具组包括 7 个命令，可分别对图形对象进行不同效果的扭曲与变换操作。

下面通过制作实例"变换花纹"来掌握扭曲与变换命令的各种使用方法，以便在以后的设计作图过程中更加快捷地作图。

（1）选择花纹图形，执行"效果→扭曲和变换"命令，如图 6-59 所示。

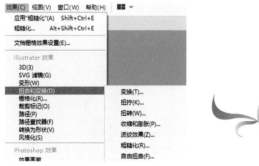

图 6-59

"扭曲和变换"工具提供了以下 7 种不同的变换命令。

- **变换**：对图形对象进行移动、缩放、镜像、旋转和复制等操作来改变对象的形状。

- **扭拧**：对图形对象的局部从水平或者垂直两个方面做出挤压操作，产生不规则的变形效果。

- **扭转**：可以将图形对象做顺时针或逆时针的扭曲变形。

- **收缩和膨胀**：可以将图形对象的节点向内收缩或是向外膨胀。
- **波纹效果**：可以使图形对象产生锯齿或弧形的不规则边缘的效果。
- **粗糙化**：可将图形对象的边缘变形为各种大小的尖峰和凹谷形成的锯齿状。
- **自由扭曲**：可以通过拖动 4 个对角的控制点来改变图形对象的形状。

（2）选择"变换"命令，对图形对象进行移动、缩放、镜像、旋转和复制等自由变换操作，类似旋转工具、镜像工具和比例缩放工具的总和，参数设置和效果如图 6-60 所示。

图 6-60

"变换效果"对话框中各选项意义如下。

- **缩放**：设置对象水平和垂直方向的缩放百分比。
- **移动**：设置对象水平和垂直方向的位移距离。
- **旋转**：设置对象变换的旋转角度，如图 6-61 所示。

图 6-61

- **选项**：该组中各选项意义如下。
  - ◇ **变换对象**：在一个群组内进行更改操作时，只更改对象。
  - ◇ **变换图案**：在一个群组内进行更改操作时，只更改图案。
  - ◇ **缩放描边和效果**：更改对象的大小时，描边和对象添加的效果也一起改变。
  - ◇ **对称 X**：以 X 轴为中心对称变换对象，如图 6-62 所示。

图 6-62

  - ◇ **对称 Y**：以 Y 轴为中心对称变换对象，如图 6-63 所示。

图 6-63

  - ◇ **随机**：选中该复选框，对象呈随机变换。
- **参考点**：设置变换对象的中心点的具体位置。

■ **副本**：设置复制的数量。

在参数相同的情况下，选择不同的中心点效果会不同。以下分别是中心点在左上、上、右上、左、中、右、左下、下和右下的 9 种效果，如图 6-64 所示。

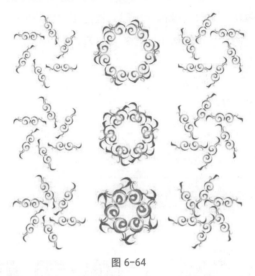

图 6-64

（3）执行"扭拧"命令，用来将图形对象的局部从水平或者垂直两个方面做出挤压操作，产生液体延展般的效果，对画面进行扭曲，如图 6-65 所示。

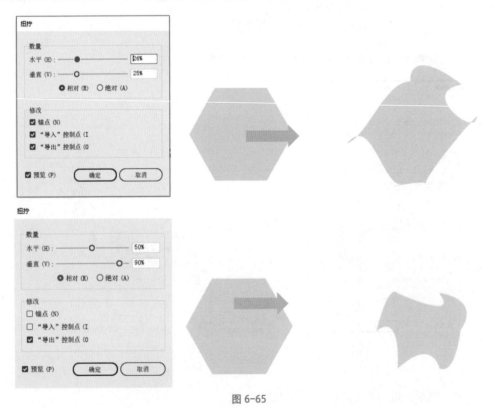

图 6-65

"扭拧"对话框中各选项意义如下。

- **数量**：数值的多少决定扭曲的程度。
  - ◇ **水平**：沿水平方向扭曲。
  - ◇ **垂直**：沿垂直方向扭曲。
  - ◇ **相对**：水平和垂直方向的数值以百分比的形式展示。
  - ◇ **绝对**：按照像素大小进行调整，数值更精准。
- **修改**：该组中的各选项意义如下。
  - ◇ **锚点**：以锚点为基础，将锚点从原对象上随机移动，进行随机扭曲变化。带有一定的随机性，每次应用效果都不一样。
  - ◇ **"导入"控制点**：随机添加锚点。
  - ◇ **"导出"控制点**：随机减去锚点。

（4）选择"扭转"命令，如图 6-66 所示。"扭转"命令将图形的边缘做顺时针或逆时针的扭曲效果。适用于将同样的图形制作出各种不同的形态，如草、树枝等。

图 6-66

角度的取值范围为 –3600 ～ 3600，控制图形边缘的扭曲方向和程度。

（5）选择"收缩和膨胀"命令，如图 6-67 所示。收缩命令是将图形的局部做向内压缩的效果，膨胀命令是将图形的局部做向外扩展的效果。

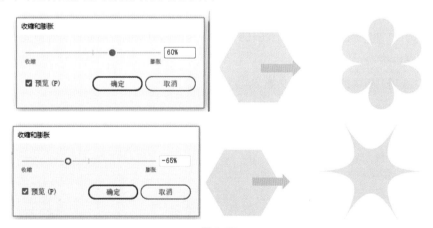

图 6-67

- **收缩和膨胀**：取正值为膨胀效果，图形边缘圆润变形；取负值为收缩效果，图形边缘尖锐变形。

（6）选择"波纹效果"命令，如图 6-68 所示。向图形对象的轮廓添加随机的锯齿或弧形的不规则边缘的效果。

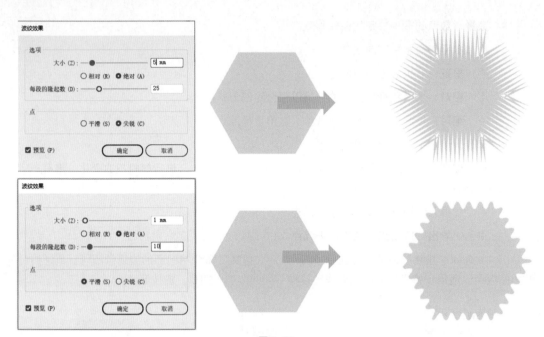

图 6-68

其中"选项"组中的各选项意义如下。

- **大小**：控制波纹起伏的程度。

- **每段的隆起数**：控制波纹的密度。

其中"点"组中的各选项意义如下。

- **平滑**：波纹为圆角效果。

- **尖锐**：波纹为尖角效果。

（7）选择"粗糙化"命令，如图 6-69 所示。将图形对象的轮廓变形为各种大小的尖峰和凹谷形成的锯齿状。

其中"选项"组中的各选项意义如下。

- **大小**：控制轮廓起伏的程度高低。

- **细节**：控制轮廓起伏的密度大小。

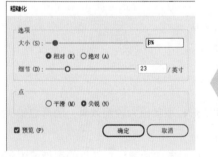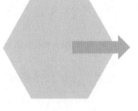

图 6-69

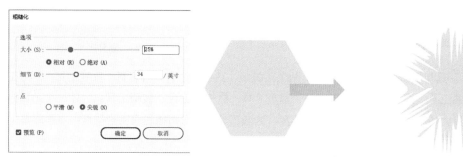

图 6-69（续）

其中"点"组中的各选项意义如下。

- **平滑：** 波纹为圆角效果。

- **尖锐：** 波纹为尖角效果。

（8）选择"自由扭曲"命令，如图 6-70 所示。"自由扭曲"命令可用来扭曲或倾斜对象。在预览框里拖动 4 个锚点就可以进行操作。

图 6-70

Tips:

（1）应用过扭曲和变换命令的图形对象，如果想更改变化效果，可以打开"属性"面板，在中间位置找到效果标志 fx，单击其变换命令，打开相应对话框，重新设置参数即可。

（2）单击"属性"面板效果标志 fx 右侧的"删除"按钮即可取消变化效果，如图 6-71 所示。

图 6-71

6.2.3　其他工具

除变形工具和扭曲变换工具外，还有两个工具组，其中一个有 8 种工具：宽度工具、变形工具、旋转扭曲工具、缩拢工具、膨胀工具、扇贝工具、晶格化工具、皱褶工具。另外一个工具组中有两个工具：操控变形工具和自由变换工具。这些工具对图形对象也有变形功能。下面简单地认识一下这 10 种工具。

（1）变形工具、旋转扭曲工具、缩拢工具、膨胀工具、扇贝工具、晶格化工具和皱褶工具与 "扭曲和变换" 工具组内的 7 个命令有异曲同工之妙，区别只在于一个是对话框精确数值操作，一个是用鼠标直接交互操作。后者的操作产生的效果比较随机，这里就不再赘述。原图与每种工具大概效果如图 6-72 所示。

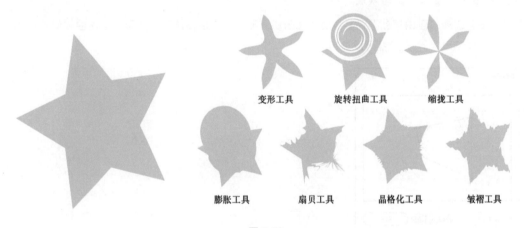

图 6-72

这几个工具在使用的时候，都有以下共性。

第一，双击工具按钮，可以打开相应的属性对话框，可以设置宽度、高度、角度、强度和细节、简化、复杂性等选项，这些选项与之前介绍的选项意义基本一样，大家在学习的时候可以多加练习。

下面将几个选项参数介绍一下。

- **宽度和高度**：控制工具光标大小。
- **角度**：控制工具光标的方向。
- **强度**：指定扭曲的改变速度，值越高改变速度越快。
- **使用压感笔**：不使用 "强度" 值，而是使用来自写字板或书写笔的输入值，如果没有附带的压感写字板，此选项将为灰色。
- **复杂性**：（扇贝、晶格化和皱褶工具）指定对象轮廓上特殊画笔结果之间的间距，该值与 "细节" 值有密切的关系。
- **细节**：指定引入对象轮廓的各点间的间距（值越高，间距越小）。

■ **简化**：（变形、旋转扭曲、收缩和膨胀工具）指定减少多余点的数量，而不致于影响形状的整体外观。

■ **旋转扭曲速率**：（仅适用于旋转扭曲工具）指定应用于旋转扭曲的速率，输入一个介于 –180°～180° 的值，负值会顺时针旋转扭曲对象，而正值则逆时针旋转扭曲对象。输入的值越接近 –180° 或 180° 时，对象旋转扭曲的速度越快。若要慢慢旋转扭曲，请将速率指定为接近于 0° 的值。

■ **水平和垂直**：（仅适用于皱褶工具）指定到所放置控制点之间的距离。

■ 画笔影响锚点、画笔影响内切线手柄或画笔影响外切线手柄（扇贝、晶格化、皱褶工具）启用工具画笔可以更改这些属性。

第二，用鼠标直接进行变形操作的时候，光标会根据画笔的大小来显示粗细，此时，按住 Alt 键不放，在鼠标左键拖动的同时，来调整画笔的大小。同时按住 Shift 键，画笔形状为正圆形。否则为各种椭圆形。

图 6-73

下面介绍其他几个不太一样的工具。

（2）宽度工具。宽度工具针对的是轮廓线，对轮廓线的粗细大小进行手动改变，产生随机变化，从而使图形对象变形，如图 6-73 所示。

也可以只对线段做操作，如图 6-74 所示。

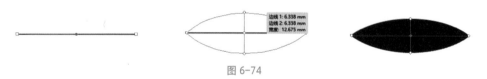

图 6-74

图形内侧有蓝色的水平线和垂直线，可以通过移动进一步改变图形形状，如图 6-75 所示。

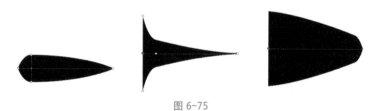

图 6-75

（3）操控变形工具。选中操控变形工具后，图形对象内部被许多网格布满，并且分布有几个钉点，可以选中这些点并拖动从而改变图形形状，或者在没有钉点的地方单击添加钉点，如图 6-76 所示。

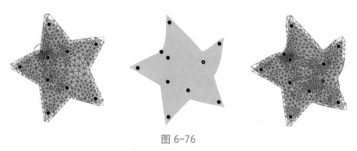

图 6-76

布满网格、拖动钉点改变、添加钉点，如图 6-77 所示。

（4）自由变换工具。执行"自由变换工具"命令后，会弹出一个小工具条，其中有 4 个命令，如图 6-78 所示。

图 6-77　　　　　　　　　　　　　　　　　　　　图 6-78

下面分别介绍 4 个命令的功能。

- **限制**：锁定某个操作。
- **自由变换**：对图形对象进行缩放、斜切、旋转等操作。
- **透视扭曲**：添加图形对象的透视感。
- **自由扭曲**：可做随机性很强的改变，集自由变换和透视扭曲为一体。

Tips:

选择特定的变换操作时，配合一些辅助键如 Alt、Shift、Ctrl 等使用，可以给软件的使用带来很大的帮助，节省操作时间。下面介绍一些辅助键的功能。

- **按 Enter 键**：选中某个工具时按 Enter 键会弹出选项，等同于双击工具按钮。
- **按 Alt 键 + 单击**：改变图形对象的变换点 / 参考点。
- **按住 Alt 键**：变换并复制图形对象。
- **按住 Shift 键**：保持比例或者按特定角度增量变换。
- **按 Ctrl+D 组合键**：再次选择上一次的变换。
- **按 Shift+Ctrl+Alt+D 组合键**：打开单独变换命令。

6.2.4　实例制作"绘制抽象艺术图案"

（1）新建文件。绘制一个正圆形，填充蓝色（0，165，265），轮廓无，如图 6-79 所示。

（2）执行"膨胀工具"命令，按住 Alt 键调整画笔的大小，然后在圆形上涂抹，效果如图 6-80 所示。

（3）使用直接选择工具（ ）进行调整，如图 6-81 所示。

（4）执行"比例缩放工具"命令，复制一个图形，填充为白色，放在蓝色图形下方，参数设置及效果如图 6-82 所示。

（5）执行"变形工具"命令，调整图形的形状，如图 6-83 所示。

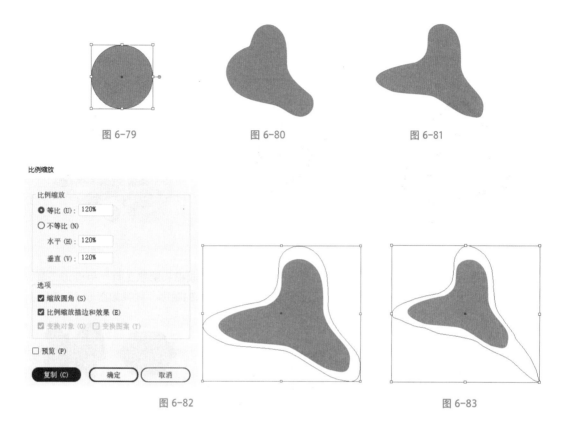

图 6-79　　　　　　　图 6-80　　　　　　　图 6-81

图 6-82　　　　　　　　　　　　图 6-83

（6）执行"比例缩放工具"命令，复制一个图形，填充为红色（229，0，12），放在白色图形下方。并使用"变形工具"调整形状，参数设置及效果如图 6-84 所示。

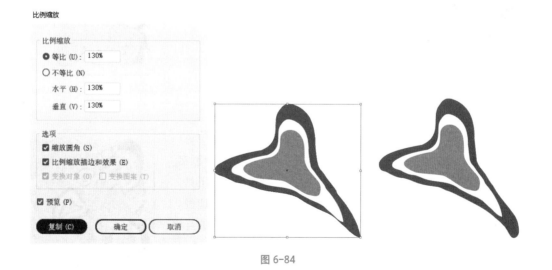

图 6-84

（7）使用相同的方法，继续复制图形并调整形状填充颜色，按 Ctrl+G 组合键编组，如图 6-85 所示。

（8）继续使用"比例缩放工具""变形工具""旋转工具"等变形工具绘制图形，如图 6-86 所示。

（9）继续绘制图形，效果如图 6-87 所示。

图 6-85　　　　　　　　　图 6-86　　　　　　　　　图 6-87

（10）绘制背景。使用"旋转扭曲工具""变形工具""收缩和膨胀工具"等变形工具，绘制出背景并填充颜色，放在所有图形下面，调整背景图形之间的顺序，效果如图 6-88 所示。

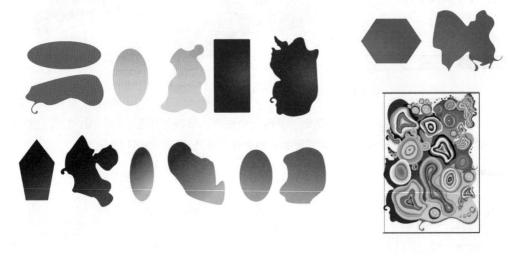

图 6-88

（11）再加点修饰线条和蝴蝶图案，最终效果如图 6-89 所示。

本例通过对变形工具的综合使用，绘制出一幅抽象的艺术图案，因为是抽象的概念，所以在绘制图形时，才能大量使用变形工具，如果要求的是精确轮廓的图形，则需要使用钢笔工具来进行造型。所以，在设计作品时，要根据作品内容来灵活运用各种工具的互相搭配才能制作出优美的画面。

图 6-89

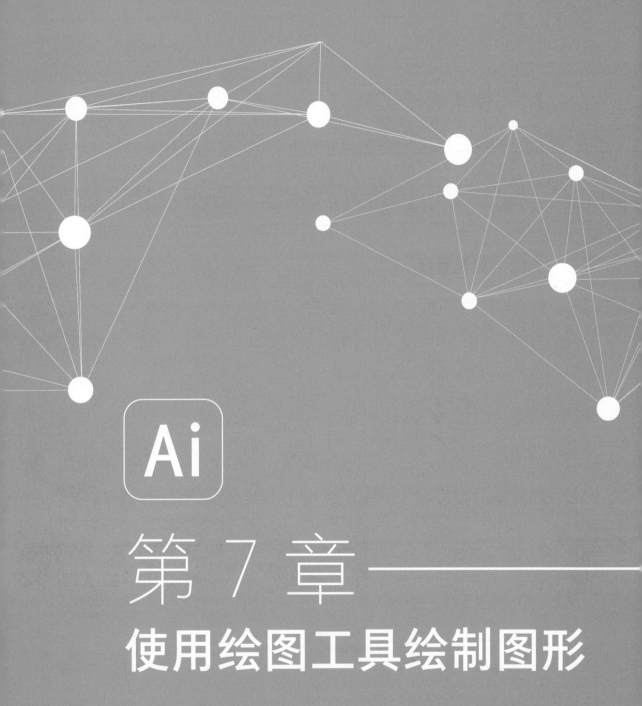

Ai

第 7 章 —————————
使用绘图工具绘制图形

本章将介绍如何使用钢笔工具、铅笔工具和画笔工具绘制图形。

7.1 使用钢笔工具

钢笔工具在 Illustrator 中是最为常用的绘图工具。运用钢笔工具可以勾画出任何想要的形状，并可以通过添加、删除、转换锚点来改变图形的形状。钢笔工具是绘制图案的主要工具，可以满足图案多种多样的变化，利用贝塞尔曲线可以绘制复杂的图形。因此，要达到随意造型的目的，加强对钢笔工具的使用和练习是非常必要的。

7.1.1 绘制直线

按 P 键切换到钢笔工具，按住"钢笔工具"（ ✏ ）按钮弹出工具组，其中包括"钢笔工具""添加锚点工具""删除锚点工具""转换锚点工具"，旁边标注了对应的组合键，如图 7-1 所示。

（1）绘制直线。选择"钢笔工具"（ ✏ ），在绘图页面单击，创建一个锚点，然后继续在其他位置单击创建第二个锚点，两个锚点连成一条直线，如图 7-2 所示。

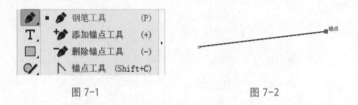

图 7-1   图 7-2

（2）绘制连续直线。此时钢笔工具并没有退出，继续单击可以绘制连续直线，如图 7-3 所示。

（3）起点与终点重合。第一个单击的锚点我们称其为起点，最后的锚点为终点，如果需要绘制一条封闭的曲线，则起点和终点需要重合。当光标移到起点位置时，光标右下角会有小圆圈出现，此时表示起点和终点重合，如图 7-4 所示。

起点和终点是否重合分别如图 7-5 所示。

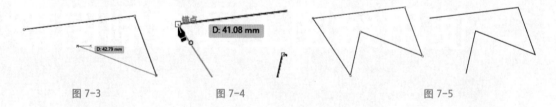

图 7-3   图 7-4   图 7-5

如果给图形填充颜色，后者的轮廓线少了一条，效果如图 7-6 所示。

如果需要绘制的是直线或者折线，而不是图形时，就不需要封闭图形，连续多次单击鼠标绘制出折线后，当需要结束钢笔绘制状态时，按 Esc 键或者 Enter 键退出即可，效果如图 7-7 所示。

（4）重新封闭图形。没有封闭的图形，叫开放图形，可以使用钢笔工具将其封闭。选择钢笔工具，放在最后一个锚点上，光标形状如图 7-8（a）所示，此时单击鼠标可以重新编辑线段，如

图 7-8（b）所示。拖动鼠标如图 7-8（c）所示，移动到起点处即可重合，将图形封闭。

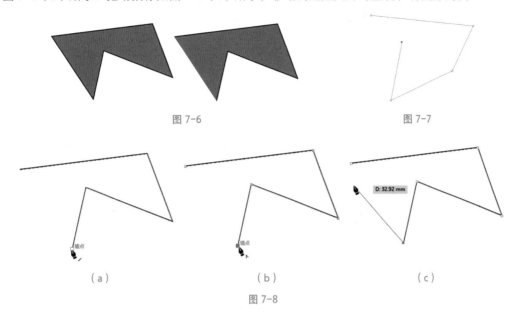

图 7-6   图 7-7

（a）   （b）   （c）

图 7-8

（5）选中锚点。选择"直接选择工具"（▷），单击图形轮廓上的锚点，被选中的锚点为实心蓝色正方形，没有选中的锚点为空心正方形。为了更好地看清楚，将之前的图形稍做改变，如图 7-9 所示。

选中锚点后可以用鼠标拖动来改变图形形状，如图 7-10 所示。

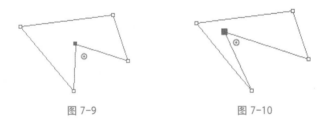

图 7-9   图 7-10

还可以选择多个锚点。按住 Shift 键，分别单击各个锚点，即可选中多个锚点，如图 7-11 所示。

选中多个锚点后，拖动其中一个锚点，即可同时移动所有选中的锚点，如图 7-12 所示。

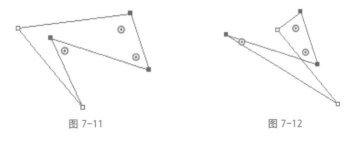

图 7-11   图 7-12

（6）添加锚点。选择"钢笔工具"（✎），将光标放在线段上没有锚点的地方时，会显示添加锚点的标志，此时单击鼠标即可添加锚点，如图 7-13 所示。

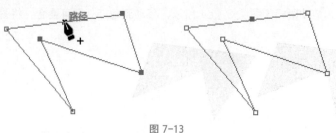

图 7-13

（7）删除锚点。选择"钢笔工具"（🖋️），将光标放在锚点上时，会显示删除锚点的标志，此时单击鼠标即可删除锚点，如图 7-14 所示。

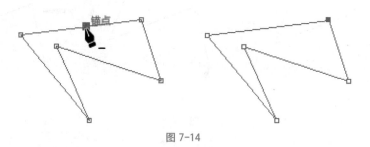

图 7-14

钢笔工具组里有"添加锚点工具"（🖊️）和"删除锚点工具"（🖊️），选中这两个工具，也可以做添加和删除锚点操作，但实际上这两个工具并不好用，因为当使用钢笔工具时，就可以做添加和删除锚点的操作，不需要专门再去换工具。

（8）转换锚点。在使用钢笔工具时，有时锚点的落点处并不理想，需要移动一下位置，我们可以把工具切换到"直接选择工具"，选中该锚点移动，但是这样并不方便，我们有更好的办法。保持钢笔工具绘制线段的状态，如图 7-15（a）所示。在需要改变锚点位置时，按住 Ctrl 键，光标就会临时切换到"转换锚点工具"，如 7-15（b）所示。此时移动锚点改变位置即可，如图 7-15（c）所示。

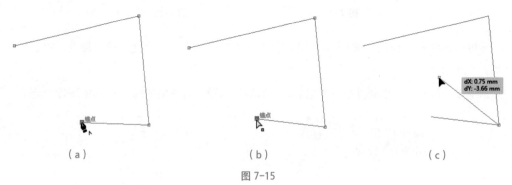

（a）   （b）   （c）

图 7-15

（9）辅助键的使用。绘制直线时按住 Shift 键，可以绘制水平线、垂直线及 45°角整数倍的直线，如图 7-16 所示。

（10）填色。一个封闭图形的填色分为两部分：一是填充色，二是轮廓色。填充色和轮廓的填色与粗细可以在"属性"面板中调整，如图 7-17 所示。

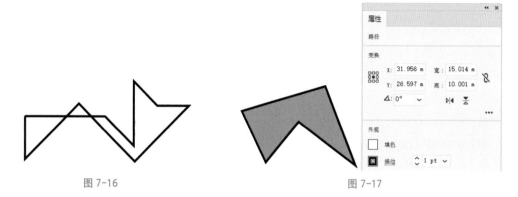

图 7-16　　　　　　　　　　　　　　　　图 7-17

一个开放图形的填色也分为两部分：
一是填充色，二是轮廓色，也可以在"属性"
面板中调整，如图 7-18 所示。

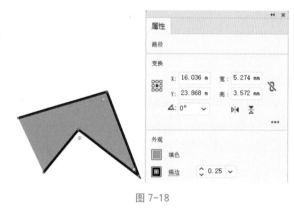

图 7-18

7.1.2　选择路径

使用钢笔工具绘制出来的线段称其为路径，构成了图形的轮廓。一般用选择工具选中图形，可以做移动、旋转、改变大小等操作。

（1）移动路径。用"直接选择工具"（▷）选择路径上的锚点或者路径，把工具放在某段路径上，按住鼠标左键不放，拖动鼠标即可移动该线段，如图 7-19 所示。

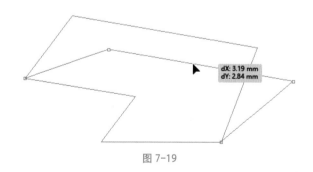

图 7-19

（2）框选多个锚点。可以多选聚在一起的多个锚点。使用"直接选择工具"（▷）围绕需要选中的几个锚点框选，出现黑色虚线矩形，松开鼠标后可以看到选中了 3 个锚点，如图 7-20所示。

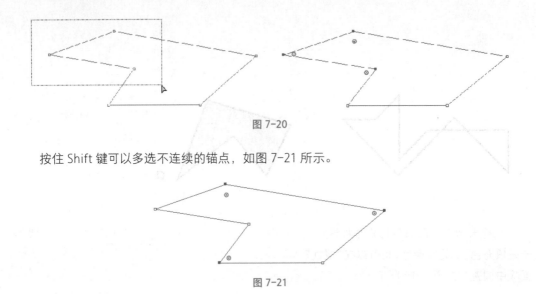

图 7-20

按住 Shift 键可以多选不连续的锚点，如图 7-21 所示。

图 7-21

（3）全选锚点。可以框选该图形所有锚点，如图 7-22 所示。

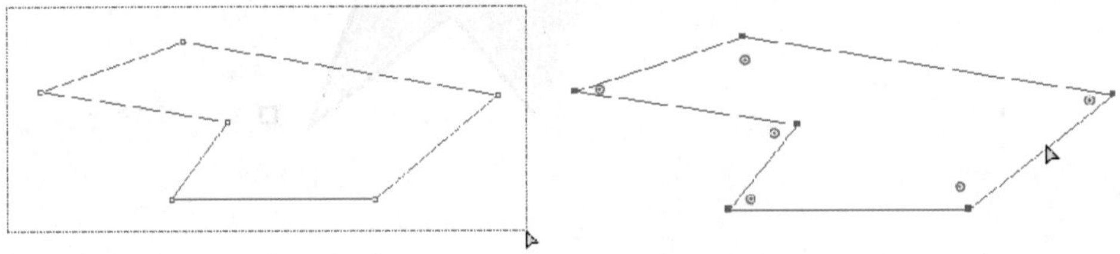

图 7-22

也可以按 Ctrl+A 组合键全选。但是如果页面上还有其他图形，则会将所有图形全部选中。

（4）删除线段。可以选中某段或多段线段，进行删除操作，如图 7-23 所示。

图 7-23

（5）重新连接线段。使用"钢笔工具"可以将断续的线段再连接起来。

7.1.3　绘制曲线

钢笔工具最重要的功能是绘制曲线，Illustrator 作为矢量绘图软件，其绘制功能需要极其强大，而钢笔工具足以胜任。

（1）锚点。使用钢笔工具绘制的线段叫路径，组成线段的关键是锚点。锚点又有两类：角点和平滑点。组成直线和折线的锚点叫角点；组成曲线的锚点叫平滑点，如图 7-24 所示。

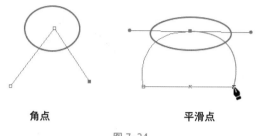

角点　　　　　　　　　平滑点

图 7-24

（2）绘制曲线。在鼠标确定锚点的同时拖动鼠标就可以绘制曲线。每个锚点两侧都会出现手柄，用来控制与之相切曲线的曲率。选择锚点工具或者按住 Ctrl 键临时切换至锚点工具，拖动手柄一端的节点，就可以改变曲线的形状，松开 Ctrl 键后，可继续绘制曲线，如图 7-25 所示。

图 7-25

（3）角点转换成平滑点。即将直线转变成曲线。使用"转换工具"，选中锚点，往左或右拖动，将角点转为平滑点，如图 7-26 所示。

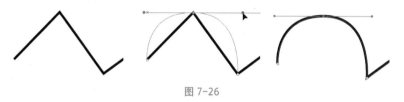

图 7-26

在拖动时，左右两个方向效果不同，如图 7-27 所示。

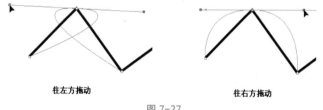

往左方拖动　　　　　　　　往右方拖动

图 7-27

（4）平滑点转换成角点。即将曲线转变成直线。使用"转换工具"，单击锚点，即可将平滑点转为角点，曲线变成直线，如图 7-28 所示。

图 7-28

或者使用"转换工具"拖动手柄一端与锚点重合，也可以转换为直线，如图 7-29 所示。

图 7-29

（5）辅助键的使用。在使用"钢笔工具"绘制曲线时，按住 Ctrl 键相当于使用"直接选择工具"，可以改变锚点的位置；按住 Alt 键相当于使用"转换工具"，可以拖动手柄改变曲线的形状；按住 Shift 键拖动锚点时，将按水平方向、垂直方向或 45°角整数倍的方向移动锚点。

（6）直线和曲线的混合绘制。选择"钢笔工具"（✎），单击第一个锚点，再单击第二个锚点，得到一个直线段。第三个锚点在单击的同时往右拖动，绘制平滑曲线。第四个锚点只需要确定位置单击即可。再单击最后一个锚点，绘制第二个直线段，如图 7-30 所示。

图 7-30

如果是绘制复杂图形，则可以结合辅助键 Shift、Ctrl 和 Alt 键，单击确定第一个锚点后，在拖动第二个锚点绘制曲线时，不要松开鼠标，按住 Alt 键将手柄拖回锚点处，这样下一条线段就是直线，此时单击第三个锚点得到直线。继续绘制，再一次按住 Alt 键将手柄拖回锚点处，单击确定下一个锚点的位置的同时进行拖动，则得到转角为尖角的曲线段，如图 7-31 所示。

图 7-31

7.1.4 钢笔工具的使用

可以绘制由易至难的图形，来熟练掌握钢笔工具的使用，如图 7-32 所示。

图 7-32

7.2 使用铅笔工具

使用铅笔工具可以绘制直线、曲线、闭合路径或非闭合路径。它类似现实中的铅笔，可以随意地绘制。铅笔工具通常用在对图形形状的要求不是特别精确时，有时候铅笔工具比钢笔工具绘制图形更快，又因为其线条的随意性，会带来更有创意的图形设计。

双击"铅笔工具"按钮打开其选项对话框，可以在其中设置数值控制铅笔工具所画曲线的精确度与平滑度，如图 7-33 所示。

图 7-33

"铅笔工具选项"对话框中各选项意义如下。

- **保真度**：越靠近"平滑"选项，所画曲线上的锚点越少；越靠近"精确"选项，所画曲线上的锚点越多，如图 7-34 所示。

- **选项**：该组中各选项的意义如下。

  ◇ **填充新铅笔描边**：绘制新路径时，自动填色。

  ◇ **保持选定**：当路径绘制完后，保持选择状态。

  ◇ **Alt 键切换到平滑工具**：选中此复选框后，在绘制曲线的过程中，按住 Alt 键将切换到平滑工具。

  ◇ **当终端在此范围内时闭合路径**：起点和终点重合时的范围，取值范围为 0 ~ 20 像素。值越大，两点距离很远时就会闭合路径，此时不利于路径的绘制，如图 7-35 所示。

保真度为精确最大　　　　　保真度为平滑最大　　　　取值为0时　　　　取值为20时

图 7-34　　　　　　　　　　　　　　　　图 7-35

  ◇ **编辑所选路径**：取消选中此复选框时，"范围"选项为灰色，此时用铅笔工具沿曲线再次绘制时不再改变曲线形状，而是新绘制一条曲线。

  ◇ **范围**：值越大，所画曲线与铅笔移动的方向差别越大；值越小，所画曲线与铅笔移动的方向差别越小。

- **重置**：表示预设值，是软件内定的数值，单击此按钮后，对话框内所有参数回到初始值状态。

7.2.1　绘制直线段

（1）绘制直线。选择"铅笔工具"（✏），按住 Shift 键，可以在页面中绘制水平、垂直和 45°角整数倍的直线，如图 7-36 所示。

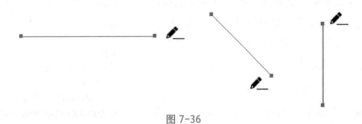

图 7-36

（2）绘制连续直线。当使用铅笔工具绘制完一条直线后，即结束绘制状态，如果想绘制连续直线，则需要在按住 Shift 键的同时，将鼠标放在锚点上，当光标形状发生改变时，按住鼠标左键不放拖动鼠标，即可绘制下一条直线，如图 7-37 所示。

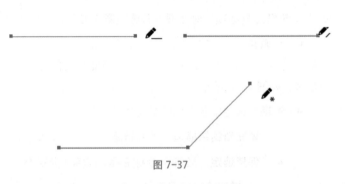

图 7-37

如果不按 Shift 键则绘制自由路径。

7.2.2　绘制自由路径

（1）绘制曲线。选择"铅笔工具"（✏），在页面中按住鼠标左键不放，拖动绘制，得到自由路径。曲线上有很多锚点，如图 7-38 所示。

（2）使用铅笔工具改变曲线。如果觉得绘制的曲线不是特别如意，可以将铅笔工具放在路径上或附近重新绘制，如此便可将原曲线改变，使其更符合需求，如图 7-39 所示。

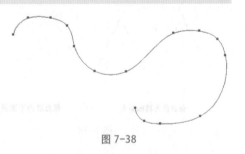

图 7-38

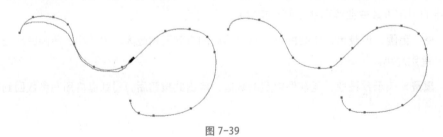

图 7-39

如果不沿路径重新绘制，原曲线会改变的非常明显，如图 7-40 所示。

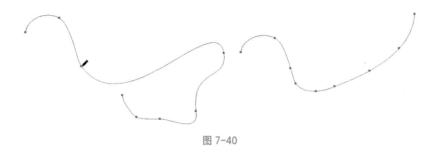

图 7-40

使用"直接选择工具"可以通过移动锚点和拖动锚点手柄等操作来调整曲线。使用"钢笔工具"也可以调整曲线。

7.3　使用画笔工具

使用画笔工具可以通过搭配"画笔"面板中的样式，模拟丰富的画笔线条效果。

1．认识"画笔工具选项"对话框

选择"画笔工具"（✐），在"画笔"面板上选择需要的笔刷，在页面上拖动鼠标，即可使用画笔绘制图形。双击打开"画笔工具选项"对话框，如图 7-41 所示。

其中的各选项与铅笔工具对话框的内容基本一样，这里不再赘述。

2．认识"画笔"面板

按 F5 键打开"画笔"面板，如图 7-42 左图所示。

其中画笔效果各选项意义如下。

■　**画笔库菜单**：选择相应的菜单命令，将画笔库中更多的画笔载入，如图 7-42 右图所示。

图 7-41

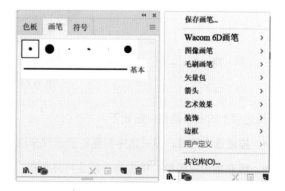

图 7-42

■　**库面板**：画笔库面板。

■　**移去画笔描边**：将路径的画笔描边效果去除，恢复路径原先的填充属性。

- **所选对象的选项：**选中应用画笔的路径，单击该按钮可以打开相应的对话框，可以控制画笔的大小、角度等参数。
- **新建画笔：**可以创建不同类型的新画笔。
- **删除画笔：**可以删除面板中的画笔。

3．画笔的类型

单击"画笔"面板右上角的按钮，在打开的画笔菜单中可以看到画笔的类型有 5 种：书法画笔、散点画笔、图案画笔、毛刷画笔和艺术画笔。选择某种画笔，则在面板中显现该画笔，如图 7-43 所示。

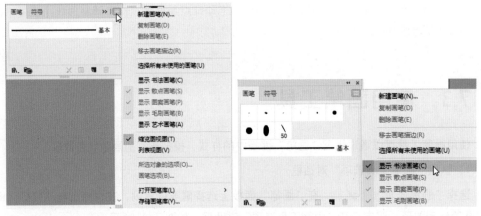

图 7-43

4．"画笔工具"属性栏

选择"画笔工具"后，属性栏内容将变成与画笔相关，如图 7-44 所示。

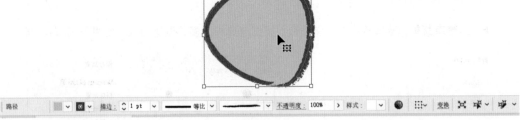

图 7-44

属性栏上的各项属性介绍如下。

- **描述选中内容：**没有选中对象时显示"未选择对象"。
- **填充色和轮廓色：**单击向下箭头打开色板，选择颜色，如图 7-45 所示。或者按住 Shift 键并单击向下箭头，可打开颜色面板设置数值，如图 7-46 所示。
- **描边面板：**可以设置画笔的粗细、端点的形状（平头、圆头和方头）、边角处形状（斜接、圆角和斜角）、描边的对齐方式（居中、内对齐和外对齐），还可以将画笔设置为虚线形式，如图 7-47 所示。

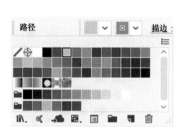

图 7-45

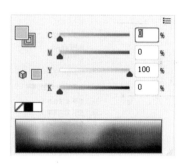

图 7-46

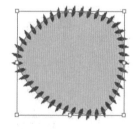

图 7-47

还可以在线段两端添加箭头，如图 7-48 所示。

选择"炭笔效果"画笔，描边为 2 像素，选中"虚线"选项，选择不同的宽度配置后的效果如图 7-49 所示。也有一些画笔设置此选项后没有变化。

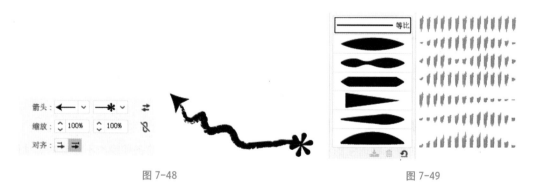

图 7-48   图 7-49

- ■ **画笔定义**：与"画笔"面板的选项一样，如图 7-50 所示。下面会详细介绍，这里不再赘述。
- ■ **不透明度**：设置画笔的不透明度。
- ■ **样式**：给画笔添加样式效果，如图 7-51 所示。

图 7-50   图 7-51

■ **重新着色图稿：** 对已经绘制完成的路径重新填充颜色，如图 7-52 所示。

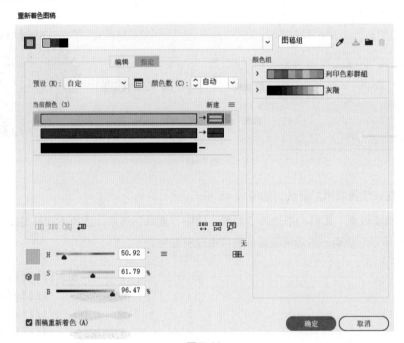

图 7-52

■ **对齐所选对象：** 路径的对齐方式，如图 7-53 所示。

■ **隔离选中的对象：** 将选中的对象与其他图形隔离，对其进行的各种操作不会影响其他图形。其他图形会降低清晰度。双击页面即可取消隔离状态，如图 7-54 所示。

图 7-53

图 7-54

■ **选择类似的对象**：在整个页面中根据要求选择与所选中对象属性一致的图形，如图 7-55 所示。

■ 如果画笔应用了某种带渐变填色的样式，在属性栏上会出现渐变类型的选项，可以重新设置渐变效果，如图 7-56 所示。

图 7-55

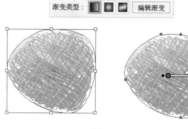

图 7-56

5．画笔的创建方法

（1）创建画笔。选择"画笔工具"（✐），再打开"画笔"面板，选择某个画笔，在页面中拖动鼠标创建一条路径即可，如图 7-57 所示。

（2）创建封闭路径。选择"画笔工具"（✐）在页面上绘制路径，需要封闭时按住 Alt 键即可，如图 7-58 所示。

（3）选择已生成的一条路径单击"画笔"面板中的图案也可生成画笔路径，如图 7-59 所示。

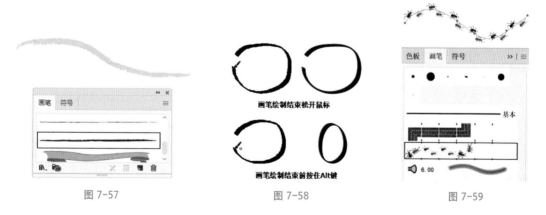

图 7-57

图 7-58

图 7-59

运用画笔效果后，图形的笔画显得很自然，如图 7-60 所示。

（4）也可以给图形添加画笔效果，如图 7-61 所示。

6．画笔的编辑方法

（1）利用"直接选择工具"（▷）修改路径，如图 7-62 所示。

（2）选中路径，单击"画笔"面板中的其他图案更

图 7-60

改图案的样式，如图 7-63 所示。

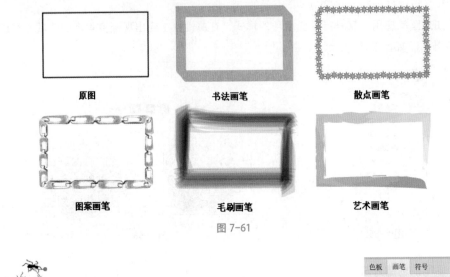

原图　　书法画笔　　散点画笔

图案画笔　　毛刷画笔　　艺术画笔

图 7-61

图 7-62

图 7-63

（3）选择"画笔"面板右上角的"移去画笔描边"命令，除去画笔效果，恢复路径属性，如图 7-64 所示。

新建画笔(N)...
复制画笔(D)
删除画笔(E)
移去画笔描边(R)
选择所有未使用的画笔(U)

图 7-64

（4）单击"画笔"面板下方的"所选对象的选项"按钮或者双击画笔打开"描边选项"对话框对画笔进行设置，如图 7-65 所示。

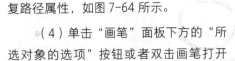

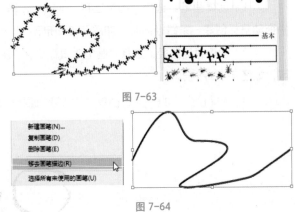

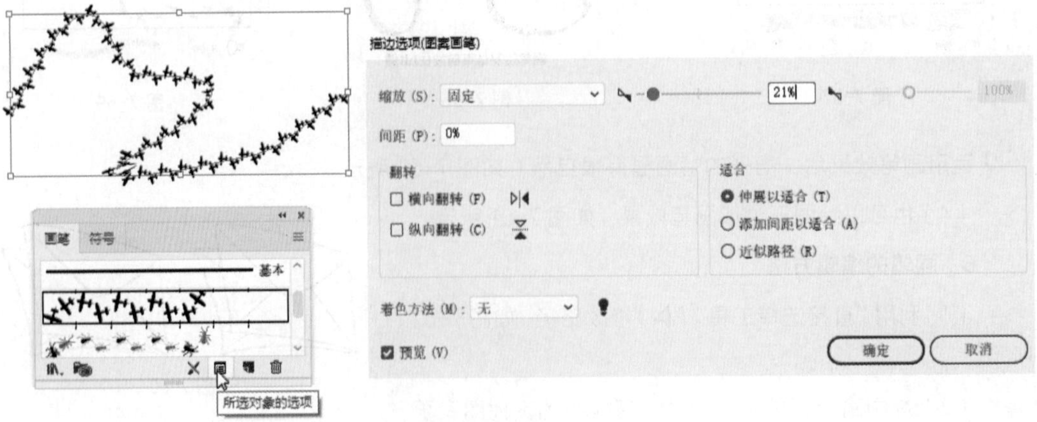

描边选项(图案画笔)

缩放(S)：固定　　21%　　100%
间距(P)：0%

翻转　　　　　　　　　适合
□ 横向翻转(F)　　　　● 伸展以适合(T)
□ 纵向翻转(C)　　　　○ 添加间距以适合(A)
　　　　　　　　　　○ 近似路径(R)

着色方法(M)：无

☑ 预览(V)　　　　确定　　取消

所选对象的选项

图 7-65

7.3.1　使用书法画笔工具

书法画笔模拟使用书法钢笔笔尖，沿着路径中心创建具有书法效果的描边。双击书法画笔列表中的某个画笔，打开"书法画笔选项"对话框，如图 7-66 所示。

其中各选项意义如下。

■　**名称：** 指定所选画笔的名称。

■　**编辑窗口：** 调节画笔的旋转角度或圆形的形状等。

■　**角度：** 调节画笔的角度。

■　**圆度：** 用于将画笔的轮廓调整为圆润的形式。

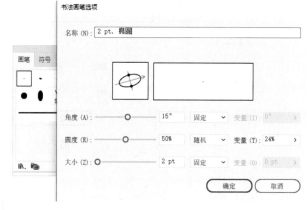

图 7-66

■　**大小：** 调节画笔的直径。

■　**固定：** 在下拉列表中设置包括固定、随机、力等的变量形式。

■　**变量：** 调节设定值的变量。

本例使用"钢笔工具"和"画笔工具"制作一幅彩带飘扬的场景。

（1）新建文件。使用"钢笔工具"（ ）绘制不同的几个彩带路径，如图 7-67 所示。

（2）选中路径，再选择"画笔工具"（ ），打开"画笔"面板，从中找到"书法画笔"中的画笔图案，单击选中此画笔，路径变为书法画笔效果，如图 7-68 所示。

图 7-67　　　　　　　　　　　　　　　　　　图 7-68

（3）双击"画笔"面板中的画笔"20 点椭圆"，打开"书法画笔选项"对话框，设置参数，效果如图 7-69 所示。

单击对话框中的"确定"按钮后，会弹出如图 7-70 所示对话框。这里单击"应用于描边"按钮。

■　**应用于描边：** 单击此按钮，将改变的参数应用于所绘制路径。

■　**保留描边：** 保留路径原描边。

（4）将描边设为渐变，效果如图 7-71 所示。

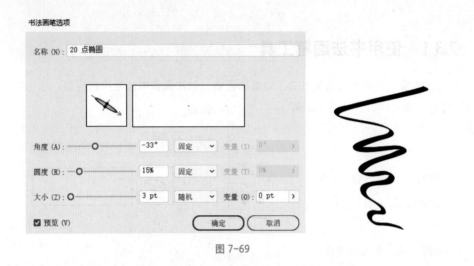

图 7-69

图 7-70   图 7-71

（5）打开"渐变"面板，可以调整渐变类型、角度等值。双击"渐变滑块"打开颜色调板，改变颜色，如图 7-72 所示。

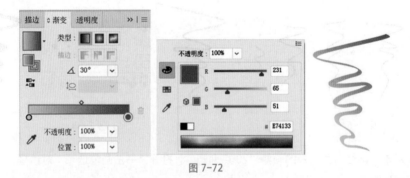

图 7-72

（6）将其他路径按以上方法创建书法画笔效果，如图 7-73 所示。

图 7-73

（7）通过复制各路径，并选择旋转、缩放、变形等操作，根据需要打开画笔选项设置参数，制作效果如图 7-74 所示。

（8）适当再用"书法画笔"绘制一些短小的彩屑。最终效果如图 7-75 所示。

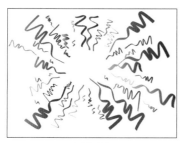

图 7-74

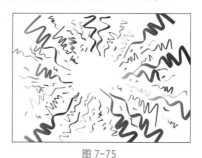

图 7-75

7.3.2　使用散点画笔工具

将一个对象的多个副本作为特定的笔刷形状沿着路径分布，显示喷溅效果。显示散点画笔，双击打开"散点画笔选项"对话框，如图 7-76 所示。

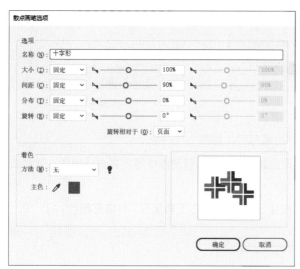

图 7-76

其中各选项意义如下。

- **名称**：指定所选画笔的名称。
- **大小**：调节画笔的大小。
- **间距**：调节画笔喷溅的间隔距离。
- **分布**：指定喷溅的对象分布在路径上侧或是下侧。
- **旋转**：调节喷溅对象的旋转角度。
- **旋转相对于**：设定对象是根据页面喷溅或是路径喷溅。
- **方法**：有 4 种选项。

◇ **无**：以原来的颜色进行喷溅。

◇ **色调**：在原来颜色上添加淡色的描边颜色效果。

◇ **淡色和暗色**：在原来颜色和阴影上一起添加描边颜色效果。

◇ **色相转换**：在原来颜色上添加暗色的描边颜色效果。

■ **主色**：决定变换颜色的主色。

■ **提示**：提示使用色调、淡色和暗色、色相转换的方法。

◇ **预览**：预览画笔的形状效果。

绘制背景操作步骤如下。

（1）新建文件。选择"弧形工具"（ ），在页面中单击弹出"弧线段工具选项"对话框，设置参数，绘制图形，如图7-77所示。

（2）选择"弧形工具"（ ），按住~键不放，在页面空白处按住鼠标左键不放，拖动鼠标到合适的位置，绘制多个扇形，如图7-78所示。

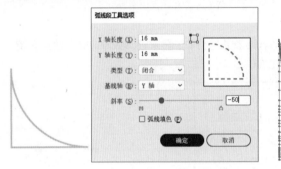

图7-77   图7-78

（3）重复第（2）步，得到另外的扇形组，如图7-79所示。

（4）将两个图形组放在页面合适位置，通过镜像移动缩放等工具进行操作，得到如图7-80所示的效果。

（5）选择"星形工具"（ ），按住Shift键绘制正五角星形，并填充颜色（13，10，24，1），如图7-81所示。

图7-79   图7-80   图7-81

（6）下面新建一个画笔，应用到五角星轮廓上。打开"矩形"对话框，设置参数，效果如图7-82所示。

（7）设置正方形的颜色，轮廓为无色，填充色（84，18，43，5），如图7-83所示。

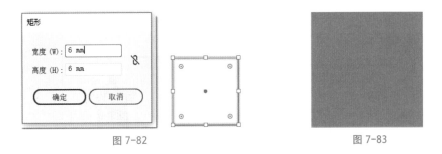

图 7-82 图 7-83

（8）选择"选择工具"，按 Enter 键打开"移动"对话框，设置参数，复制正方形。然后再按两次 Ctrl+D 组合键，再复制两个正方形，得到如图 7-84 所示的效果。

（9）全选 4 个正方形，按 F5 键打开"画笔"面板，单击"新建画笔"按钮，打开"新建画笔"对话框，选择画笔类型为"散点画笔"，如图 7-85 所示。

图 7-84 图 7-85

（10）确定后打开"散点画笔选项"对话框，设置大小和间距值，确定后将该自定义画笔添加到"画笔"面板，如图 7-86 所示。

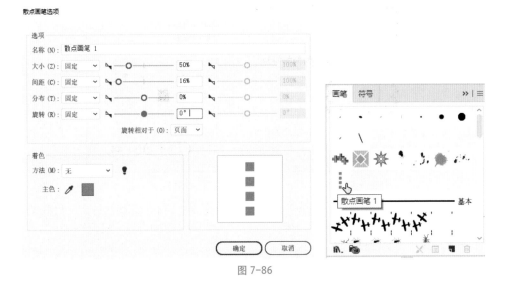

图 7-86

（11）选中五角星，再单击"画笔"面板中定义好的笔刷，效果如图 7-87 所示。

（12）最后效果如图 7-88 所示。

图 7-87

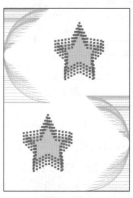

图 7-88

7.3.3　使用图案画笔工具

绘制由预先制作好的图案组成的路径，这种图案沿路径不停重复。显示图案画笔，双击打开"图案画笔选项"对话框，如图 7-89 所示。

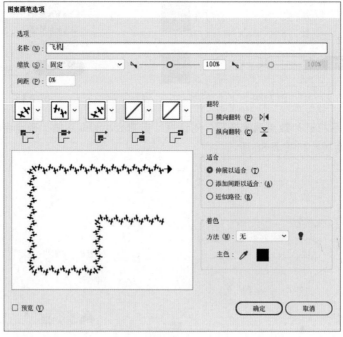

图 7-89

其中各选项的意义如下。

- **名称**：指定画笔的名称。

- **缩放**：指定画笔的大小。

- **间距**：指定画笔的间隔距离。
- **拼贴**：调节应用在画笔上的图案线条的图像。
    ◇ **外角拼贴**：外部转角拼贴。包含无、原始、自动居中、自动居间、自动切片、自动重叠、圆点图样和波浪图样，如图 7-90 所示。
    ◇ **边线拼贴**：外边线拼贴。包含无、原始、圆点图样和波浪图样。
    ◇ **内角拼贴**：内部转角拼贴。包含无、原始、自动居中、自动居间、自动切片、自动重叠、圆点图样和波浪图样。
    ◇ **起点拼贴**：起始的拼贴。包含无、原始、圆点图样和波浪图样。
    ◇ **终点拼贴**：终止拼贴。包含无、原始、圆点图样和波浪图样。

各位置的拼贴如图 7-91 所示。

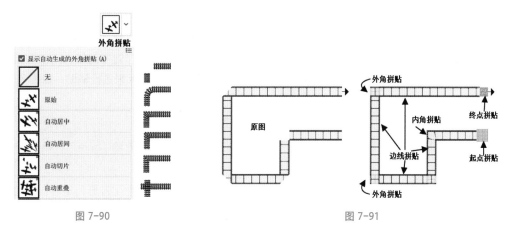

图 7-90   图 7-91

- **预览**：预览画笔的形状效果。
- **翻转**：设置翻转的方向。
    ◇ **横向翻转**：以画笔绘制的方向为基准翻转端点。
    ◇ **纵向翻转**：以画笔绘制的方向为轴，进行上下翻转。
- **适合**：设置绘制方式。
    ◇ **伸展以适合**：设定延长图案，再进行绘制。
    ◇ **添加间距以适合**：在图案和图案之间添加空白区域。
    ◇ **近似路径**：根据图案绘制的曲线绘制。

铅笔图案绘制步骤如下。

1. 创建新文件和设置网格

（1）新建文件，设置大小为 600×400 像素。

（2）选择"编辑→首选项→单位"，将单位全部改成"像素"。确定后退出"首选项"对话框，这样改变的参数才能起作用，如图 7-92 所示。

（3）选择"编辑→首选项→参考线和网格"，把"网格线间隔"设为 5 像素，"次分隔线"

设为 1。选择"视图"菜单中的"显示网格"和"对齐网格"命令，如图 7-93 所示。

图 7-92

图 7-93

2．创建主要形状

（1）绘制笔端。选择"矩形工具"（▢），将描边设置为"无"，填充色为黑色。绘制一个大小为 15×35 像素的矩形。因为网格的间距是 5 像素，我们又设置了对齐网格，所以在绘制矩形的时候很方便，横跨 3 个网格，竖跨 7 个网格即可。还可以显示标尺来进行辅助，如图 7-94 所示。

也可以在页面中单击，打开"矩形"对话框设置宽和高。

（2）再绘制两个 5×25 像素的白色矩形和黑色矩形，完成第一个图案"笔端"，如图 7-95 所示。

（3）绘制笔身。这里注意，4 个黑色正方形的间隔部分是 3 个白色正方形，不可以没有图形，因为之后我们要把这几个图案设为自定义画笔，作为画笔的图案，中间不可以有透明部分，如图 7-96 所示。

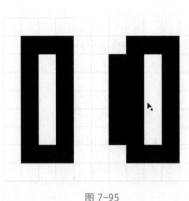

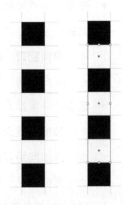

图 7-94

图 7-95

图 7-96

（4）绘制笔尖。选择"矩形工具"（▢），绘制一个 30×35 像素的矩形，设置填充颜色为白色，描边为黑色，打开"描边"面板，将"粗细"设为 5 像素，"对齐描边"设为"使描边内侧对齐"，如图 7-97 所示。

（5）选择"添加锚点工具"（✎），添加两个锚点，如图 7-98 所示。

（6）用"直接选择工具"（▷）拖动锚点，效果如图 7-99 所示。

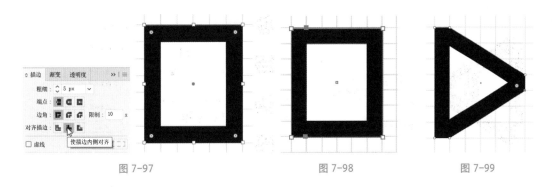

图 7-97　　　　　　　　　图 7-98　　　　　　　　　图 7-99

（7）再绘制一个 5×15 像素的矩形，填充色为黑色，轮廓无，如图 7-100 所示。

3．创建画笔图案

（1）打开"色板"面板，将"笔端"图案全部选中，拖到"色板"面板的空白处，然后色板上会出现一个新图案，如图 7-101 所示。

图 7-100　　　　　　　　　　　　　　图 7-101

双击面板上的图案，打开"图案选项"对话框，将"名称"改为"笔端"，如图 7-102 所示。

此对话框没有"确定""取消"按钮，单击对话框右上角的"选项"按钮，打开快捷菜单，选择"退出图案编辑模式"选项，否则刚定义的图案会应用于刚才绘制的图形上面，如图 7-103 所示。

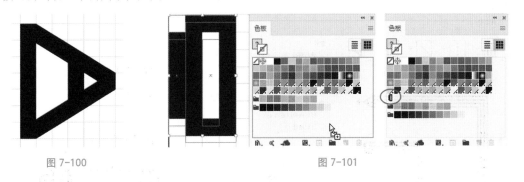

图 7-102　　　　　　　　　　　　图 7-103

（2）将"笔尖"图案也拖进"色板"面板，并改名为"笔尖"，如图 7-104 所示。

（3）打开"画笔"面板，将黑白相间的 7 个矩形拖入"画笔"面板中，弹出"新建画笔"对话框，选择画笔类型为"图案画笔"，如图 7-105 所示。

然后弹出"图案画笔选项"对话框，命名为"铅笔"，缩放值为 40%，着色方法为"色调"，并设置"起点拼贴"和"终点拼贴"，单击"确定"按钮，创建新画笔，如图 7-106 所示。

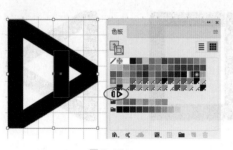

图 7-104

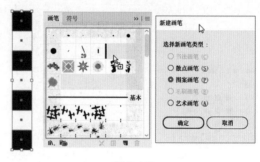

图 7-105

"画笔"面板上出现新建笔刷"铅笔",如图 7-107 所示。

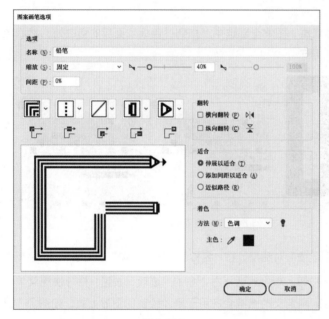

图 7-106

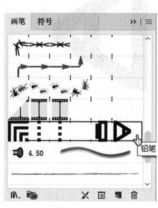

图 7-107

4.制作铅笔图案

（1）输入文字 pencil,设置字体为 Mistral,字号为 170pt。选择"对象→锁定→所选对象"命令,或者按Ctrl+2 组合键锁定对象,避免后面为它添加笔刷效果时意外移动,如图 7-108所示。

（2）设置填充色为无,轮廓色为（31,120,190）,选择"画笔工具",找到新建的"铅笔"笔刷画出几个字母,如图 7-109 所示。

（3）设置颜色为（241,65,53）,再画出红色的图案,如图 7-110 所示。

图 7-108

图 7-109

图 7-110

（4）调整一下几个图形的大小和位置，还可选择"直接选择工具"调整路径。之后将之前锁定的文字解锁并删除，如图 7-111 所示。

（5）选中所有的路径，选择"效果→风格化→投影"命令，设置属性参数，如图 7-112 所示。

（6）最后效果如图 7-113 所示。

图 7-111　　　　　　　　　图 7-112　　　　　　　　　图 7-113

7.3.4　使用毛刷画笔工具

根据画笔图案在连续状态下的重合率在透明度上表现出来的效果就是毛刷画笔，可以画水墨画效果。显示毛刷画笔，双击打开"毛刷画笔选项"对话框，如图 7-114 所示。

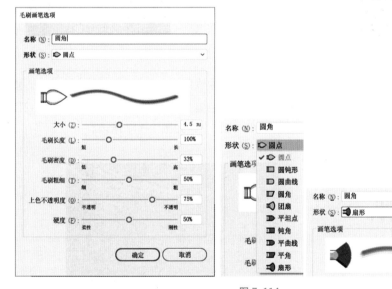

图 7-114

其中各选项的意义如下。

- **名称**：指定画笔的名称。
- **形状**：多个毛刷的形状决定了画笔绘制时的不同。
- **预览**：预览画笔的形态效果。

- **大小**：调节画笔的粗细。

- **毛刷长度**：调节毛刷的长短。

- **毛刷密度**：调节毛刷的多少。

- **毛刷粗细**：调节毛刷的粗细。

- **上色不透明度**：调节毛刷的不透明度。

- **硬度**：调节毛刷的柔软度。

梦幻翅膀的绘制步骤如下。

（1）新建文件，大小为 700×700 像素，分辨率为 300。

（2）绘制矩形，大小为 700×700 像素，填充色为（2，11，25），打开标尺，分别拉一条水平、垂直参考线，与画布居中对齐，按 Ctrl+2 组合键锁定矩形和参考线，如图 7-115 所示。

（3）再绘制一个大小为 700×700 像素的矩形，与画布居中对齐，填充径向渐变色（220，84，127）到透明，并修改不透明度为 10%，如图 7-116 所示。

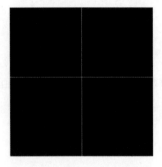

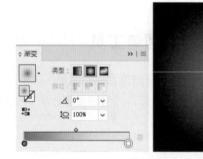

图 7-115   图 7-116

（4）用"钢笔工具"（✏）绘制路径，在其属性栏中设置填充色为无，描边为 2 像素，修改"配置文件"中的内容，并将描边填充为线性渐变色，色值从左至右分别为（248，236，212）（245，148，145）（215，103，163）（149，63，238），如图 7-117 所示。

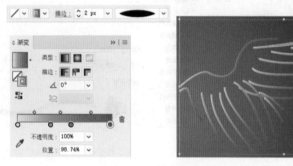

图 7-117

（5）选中这些路径，选择"效果→模糊→径向模糊"命令，打开"径向模糊"对话框，参数设置与效果如图 7-118 所示。选中模糊后的路径，编组并锁定。这里为了方便观看，将渐变背景图和参考线都设置为不可见。

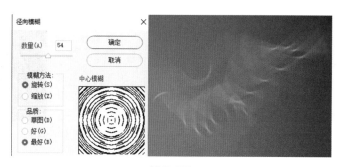

图 7-118

（6）继续用"钢笔工具"（✐）绘制路径，填充为无，描边改为 0.75，其他数值同第（4）步。给路径选择"径向模糊"，数值同第（5）步，如图 7-119 所示。

（7）选中绘制的所有线条编组，选择"对象→扩展外观"命令，效果如图 7-120 所示。

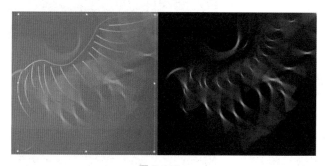
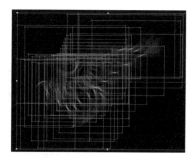

图 7-119   图 7-120

（8）复制渐变色图层置于线条组上面，选中线条组和渐变色图层副本，按 Ctrl+7 组合键建立剪切蒙版（或者选择"对象→剪切蒙版→建立"命令），效果如图 7-121 所示。

（9）用"镜像工具"进行复制得到完整的翅膀，并锁定该图层，如图 7-122 所示。

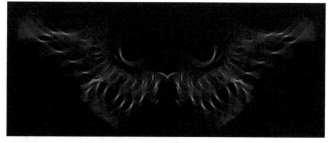

图 7-121   图 7-122

（10）再绘制一个矩形，设置填充色为径向渐变色，色值从左至右分别为（248，236，212）（255，105，98）（214，67，146）（150，63，204），混合模式为"叠加"。锁定图层，效果如图 7-123 所示。

（11）用"钢笔工具"（✐）绘制几条路径，填充为无，描边为 3，描边为线性渐变色，色值从左至右分别为（249，193，84）（248，236，212），如图 7-124 所示。

图 7-123

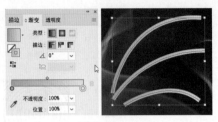

图 7-124

（12）选中这几条路径，执行"画笔"面板中的"毛刷画笔→毛刷画笔库"命令，选择合适的画笔。将路径编组，命名为"黄1"，如图 7-125 所示。

（13）使用"镜像工具"复制路径，并将混合模式改为"颜色减淡"，"不透明度"设为30%，效果如图 7-126 所示。

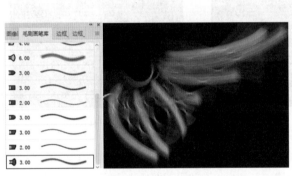

图 7-125

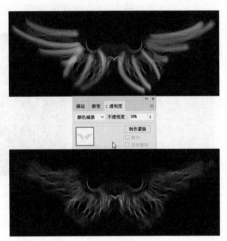

图 7-126

（14）绘制一个矩形，填充径向渐变色，色值从左至右分别为（248，221，61）（150，63，206），并将右侧颜色的不透明度设置为 0%，混合模式为"叠加"，效果如图 7-127 所示。

图 7-127

（15）绘制一个椭圆当作身体，与画布居中对齐。描边为无，填充色为径向渐变色，色值从左至右分别为（235，82，149）（230，142，68），并将右侧颜色的不透明度设置为 0%。再将混合模式改为"颜色减淡"，效果如图 7-128 所示。

（16）最后再调整一下整体效果，如图 7-129 所示。

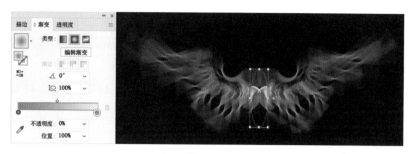

图 7-128

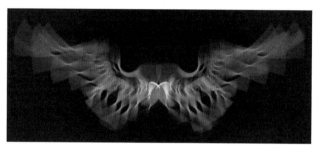

图 7-129

7.3.5 使用艺术画笔工具

艺术画笔在画笔上应用艺术性效果，沿着路径的方向均匀拉伸画笔或对象的形状。显示艺术画笔，双击打开"艺术画笔选项"对话框，如图 7-130 所示。

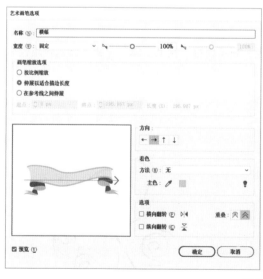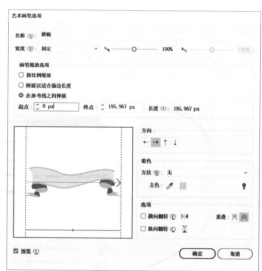

图 7-130

其中各选项的意义如下。

- **名称**：指定画笔的名称。
- **宽度**：调节画笔的粗细。

"画笔缩放选项"组各项意义如下。

- **按比例缩放**：选中该单选按钮后，会根据画笔长度，按比例来增加宽度。
- **伸展以适合描边长度**：根据预设画笔的长度决定。
- **在参考线之间伸展**：选中此单选按钮后会出现 3 个选项，分别为起点、终点、长度，调整数值决定缩放范围。
- **预览**：预览画笔的形态效果。
- **方向**：指定画笔的进行方向，有左、右、上和下 4 个方向。

"着色"组各项意义如下。

- **方法**：有 4 种选项。
  - ◇ **无**：以原来的颜色进行喷溅。
  - ◇ **淡色**：在原来的颜色上添加淡色的描边颜色效果。
  - ◇ **淡色和暗色**：在原来的颜色和阴影上一起添加描边颜色效果。
  - ◇ **色相转换**：在原来的颜色上添加暗色的描边颜色效果。
- **主色**：决定变换颜色的主色。

"选项"组各项意义如下。

  - ◇ **横向翻转**：以画笔绘制的方向为基准翻转端点。
  - ◇ **纵向翻转**：以画笔绘制的方向为轴，进行上下翻转。
- **重叠**：有两项为不调整边角与皱褶和调整边角与皱褶以防止重叠。

抽象图案绘制步骤如下。

（1）新建文件。选择"艺术效果"画笔"干画笔 1"，设置好轮廓色，绘制路径，如图 7-131 所示。

（2）使用"画笔工具"（）继续绘制路径，或者使用"钢笔工具"（ ）绘制好路径后应用画笔，如图 7-132 所示。

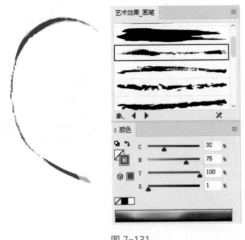

图 7-131

图 7-132

（3）继续使用"画笔工具"（ ）绘制路径，并设置填充色（4，45，0，0）。

Tips:

当用 4 个数字表示颜色时，此时的颜色模式是 CMYK。记住，用画笔绘制封闭路径时，最后封口时要按住 Alt 键，如图 7-133 所示。

图 7-133

（4）使用"钢笔工具"（ ✐ ）绘制几个图形，轮廓无，填充色（0，11，7，0），如图 7-134 所示。

（5）继续使用"钢笔工具"（ ✐ ）绘制几个修饰图形，设置好填充色（27，0，59，0），如图 7-135 所示。

图 7-134

图 7-135

（6）继续使用"画笔工具"（ ✎ ），选择"艺术效果"画笔"干画笔 1"，设置好轮廓色（27，0，59，0），绘制几条路径丰富的画面，再绘制几条白色路径做修饰，如图 7-136 所示。

（7）最后添加外框，完成效果如图 7-137 所示。

图 7-136

图 7-137

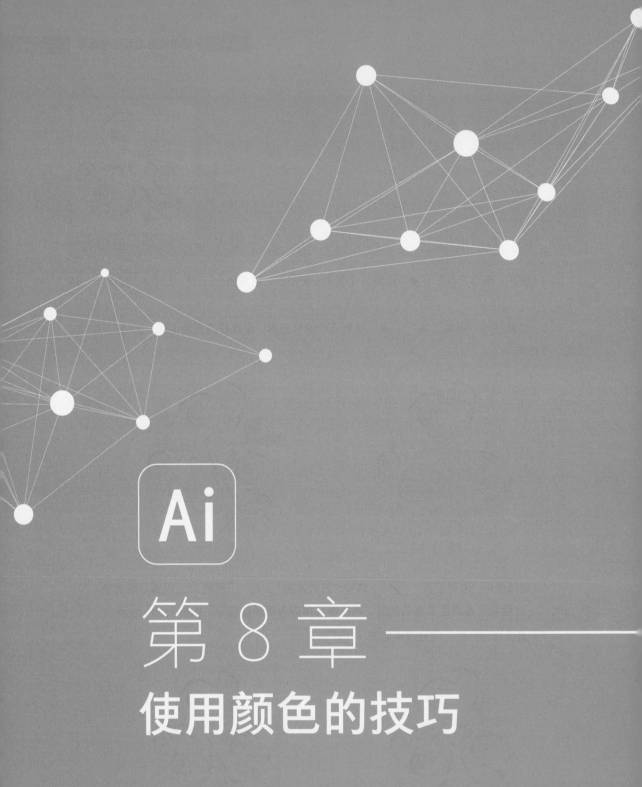

Ai

第 8 章 ————————————

使用颜色的技巧

大自然中的色彩仿佛是流动的调色盘，它描绘着春夏秋冬的迷人姿色。在 Illustrator 软件中，我们可以使用颜色控件为自己的插图添加适合的色彩。在本章中，我们将一起学习有关颜色的基本知识以及使用颜色的技巧。

8.1 创建平面颜色绘制小狮子插画

当对图稿进行上色时，需要先考虑一个重要的问题，即它将会以何种媒介发布，打印输出和网站发布是有区别的，我们需要根据发布的媒介来决定颜色定义和模式。因此，在新建文稿时，我们要考虑使用哪一种颜色模式。一般情况下，常用的颜色模式为 CMYK 和 RGB。

■ **CMYK**：指的是青色（Cyan）、洋红色（Magenta）、黄色（Yellow）与黑色（Key Color），常用于四色印刷中。该模式利用色料的三原色混色原理，加上黑色油墨，共计 4 种颜色混合叠加，形成所谓"全彩印刷"。

■ **RGB**：指的是红色（Red）、绿色（Green）与蓝色（Blue），它们共同构成了光的三原色。该模式通过 3 种颜色通道的变化以及它们相互之间的叠加，来得到各式各样的颜色，其应用也非常广泛。

创建平面颜色绘制小狮子插画的操作步骤如下。

（1）启动 Adobe Illustrator 软件。

（2）执行"文件→打开"命令，打开素材文件，如图 8-1 所示。

（3）执行"视图→画板适合窗口大小"命令，调整适合屏幕预览的图像显示比例。

拾色器是创建颜色的常用工具，其操作方法在前文中有所涉及，在此不再赘述。在本节的案例中，我们主要练习的是平面颜色的设计，也就是纯色填充，将一只灰色的小狮子进行上色。

（4）使用选择工具（▶）选中小狮子头部的毛发。按 Shift 键可以进行图形的加选，将头部上方与下方的图形一起选中，如图 8-2 所示

图 8-1   图 8-2

（5）双击拾色器的"填色"图标，可见如图 8-3 所示的"拾色器"对话框。由绿色虚线包围的矩形区域为色谱条，其功能是调整色相。由红色虚线所包围的正方形区域为色域，其功能是调整饱和度与亮度。我们调色的顺序通常是先调整色谱条，再调整色域，也就是说，先确定颜色的色相，再调整色彩的饱和度与亮度。在本案例中，我们将小狮子的头部的毛发设定为红色，即先将色谱条拖动到红色区域，再去调整色域范围，得到如图 8-4 所示的效果。

Tips:

　　在调整色域时，单击鼠标左键可以拖动颜色滑块，如果沿着水平向拖动，则可调整颜色的饱和度，左侧饱和度低，右侧饱和度高。如果沿着垂直方向拖动，则可调整颜色的亮度，上方亮度高，下方亮度低。我们可以根据自己的需要调整出适合的饱和度与亮度。

　　（6）本文件的色彩模式为 CMYK，我们可以在拾色器中输入相应的数值，以获取特定的颜色，输入图 8-3 所示的数值，即可得到一个预设的红色。单击"确定"按钮，就能得到如图 8-4 所示的效果。

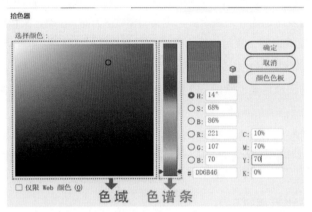

图 8-3　　　　　　　　　　　　　　　　　　图 8-4

　　（7）通过观察可知，小狮子的鼻子和尾巴顶部的颜色与头部毛发的颜色一致。使用吸管工具（🖊）复制颜色。使用选择工具（▶）选中小狮子的鼻子与尾巴顶部的图形，单击吸管工具（🖊），在小狮子的头部红色区域进行单击，即可完成所需效果，如图 8-5 所示。

图 8-5

8.1.1　使用色板上色

　　所谓色板，是指命名的颜色、色调、渐变和图案。在 Illustrator 软件中，每一个新建的文档都有其预设好的色板，与文档相关联的色板出现在"色板"面板中。色板可以单独出现，也可以成组出现。

　　在默认情况下，Illustrator 软件将新色板定义为印刷色。所谓印刷色，是指在色彩模式为 CMYK 的文档中，大部分的颜色由青色、洋红色、黄色与黑色构成。色板中包含颜色色板、渐变色板、图案色板以及颜色组，在本章中我们主要用到的是颜色色板。

Tips：

印刷色使用 4 种标准印刷色油墨的组合打印：青色、洋红色、黄色和黑色。

关于全局印刷色，当编辑全局色时，图稿中的全局色自动更新。所有专色都是全局色，但是印刷色可以是全局色或局部色。你可以根据全局色图标 ▨（当面板为列表视图时）或下角的三角形（当面板为缩略图视图时）标识全局色色板。

专色是预先混合的用于代替或补充 CMYK 四色油墨的油墨。你可以根据专色图标 ◉（当面板为列表视图时）或下角的点（当面板为缩略图视图时）标识专色色板。

渐变是两个或多个颜色或同一颜色或不同颜色的两个或多个色调之间的渐变混合。渐变色可以指定为 CMYK 印刷色、RGB 颜色或专色。将渐变存储为渐变色板时，会保留应用于渐变色标的透明度。对于椭圆渐变（通过调整径向渐变的长宽比或角度而创建），不存储其长宽比和角度值。

图案是带有实色填充或不带填充的重复（拼贴）路径、复合路径和文本。

"无"色板从对象中删除描边或填色，且不能编辑或删除此色板。

套版色色板 ✛ 是内置的色板，可使利用它填充或描边的对象从 PostScript 打印机进行分色打印。例如，套准标记使用"套版色"，这样印版可在印刷机上精确对齐。此色板不能删除。

Tips：

如果对文字使用"套版色"，然后对文件进行分色和打印，则文字可能无法精确套准，黑色油墨可能显示不清楚。若要避免这种情况，应对文字使用黑色油墨。

颜色组可以包含印刷色、专色和全局印刷色，而不能包含图案、渐变、无或套版色色板。可以使用颜色参考面板或通过"编辑颜色→重新着色图稿"对话框来创建基于颜色协调的颜色组。

（1）使用选择工具（▶）选中小狮子的头部与躯体，按 Shift 键可以进行图形的加选。

（2）在顶部导航栏单击"窗口→色板"，打开"色板"面板，单击颜色色板左侧的黄色，即可给选中图形上色，效果如图 8-6 所示。

图 8-6

8.1.2　创建自定义颜色

在 Illustrator 软件中有很多创建自定义颜色的方法。使用"颜色"面板可以将自己挑选的颜色应用于选中图形的填色与描边。

使用鼠标单击色谱条后，光标会变成吸管工具（✏），此时可以直观选择颜色的色相。在面板右侧的 CMYK 文本字段处可以通过输入设定好的数值来获取精确的颜色属性，也可以通过拖动中间的滑块对颜色进行微调，如图 8-7 所示。

（1）执行"窗口→颜色"命令，打开"颜色"面板，如图 8-7所示。

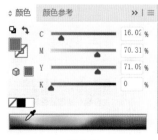

图 8-7

> **Tips：**
> 打开"颜色"面板的快捷键是 F6。

（2）使用选择工具（▶）选中小狮子的嘴部与前方脚掌。

（3）拖动鼠标在色谱条中选择合适的颜色，由于此处要填色的位置处于最顶层，颜色最浅，我们在色谱条的黄色区域选择一种浅黄色，并将它应用于填色，如图 8-8 所示。

图 8-8

8.1.3　将颜色存储为色板

如果对自己自定义创建的颜色非常满意，希望以后还能继续使用该颜色，最方便的操作便是将颜色存储为色板。"色板"面板以创建顺序排列所有新建的色板，我们也可以根据自己的喜好将其进行重新排序。

（1）使用选择工具（▶）选中小狮子嘴部的浅黄色。

（2）执行"窗口→色板"命令，打开"色板"面板。单击右下角的"新建色板"图标（■），就可以新建色板，如图 8-9 所示。

（3）如图 8-10 所示，单击"新建色板"图标后，就可以打开"新建色板"对话框，在"色板名称"处可以将此色板进行重命名。在此，将其命名为"浅黄色"。

（4）在默认情况下，"颜色类型"为"印刷色"，选中"全局色"复选框，如图 8-10 所示。也就是说，新建的色板默认是全局色。全局色意味着如果我们之后编辑此色板，那么无论图稿是否被选中，应用此色板的位置都会自动更新。

（5）单击"确定"按钮保存色板。需要注意的是，新建的浅黄色色板外围有描边线段，右下角有小的白色三角形，这表明它是一个全局色，如图 8-11 所示。如果我们想要重新编辑此色板，则可以双击此色板，这样就能弹出如图 8-10 所示的对话框，便于我们重新编辑其颜色属性。编辑颜色可以通过在 CMYK 的文本字段处输入数值或者拖动滑块来实现。

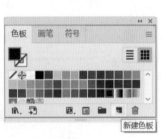

图 8-9

图 8-10

图 8-11

（6）最后，我们使用之前所学的几种填色方式完成小狮子的配色。最终效果如图 8-12 所示，此图仅作为参考，大家可以根据自己的喜好进行配色。

（7）执行"文件→存储为"命令，将图稿存储为 ai 格式的源文件，然后执行"文件→导出→导出为"命令，导出便于预览的 JPG 格式文件。

图 8-12

8.2　使用软件预设色卡快速给风景画上色

在上一节中，我们学习了使用已有颜色与创建自定义颜色来为图稿搭配适合的颜色，整个配色的过程依赖设计师主观的审美能力。一个成熟的设计师固然能够得心应手地开展本项工作，但对于初学者而言，完全靠自己的想法配色有可能比较困难，也有可能效率低下。针对这个问题，软件预设的色卡，为我们提供了较好的解决方案。

在 Illustrator 软件中，我们可以借助系统预设好的优质色卡帮助我们快速而合理地配色。此处涉及软件的 3 个功能，分别是色板库、颜色主题与颜色参考。

使用软件预设色卡快速给风景画上色的操作步骤如下。

（1）启动 Adobe Illustrator 软件。

（2）执行"文件→打开"命令，打开素材文件，可以看到一张没有上色的风景插画，如图 8-13 所示。

（3）执行"视图→画板适合窗口大小"命令，调整适合屏幕预览的图像显示比例。

色板库是 Illustrator 软件预设的颜色搭配组合，里面包含 PANTONE 和 YOYO 等色板薄，也包含诸如"图案""渐变""艺

图 8-13

术史"等主题库。创建颜色时，以色板库为重要的参考依据，对于我们做设计而言是不错的选择。

> Tips：
> PANTONE 色卡为国际通用的标准色卡，中文名称为潘通。PANTONE 色卡是享誉世界的色彩权威，涵盖印刷、纺织、塑胶、绘图、数码科技等领域的色彩沟通系统，已经成为当今交流色彩信息的国际统一标准语言。PANTONE 颜色库位于"色标簿"子文件夹中，具体打开路径为"色板库→色标簿→ PANTONE → …"。

在打开一个色板库时，该色板库将显示在新面板中（而不是"色板"面板）。在色板库中选择、排序和查看色板的方式与在"色板"面板中的操作是一样的，但是不能在"色板库"面板中添加色板、删除色板或编辑色板。

> Tips：
> 要想在 Illustrator 软件每次启动时都显示某个色板库，从该色板库的面板菜单中执行"保持"命令即可。

（4）执行"窗口→色板"命令，打开"色板"面板。

（5）单击"色板"面板左下角的📑图标，如图 8-14 所示，即可打开色板库，

（6）在色板库中可以看到很多软件自带的主题。单击"艺术史"可以看到很多海报风格，它涵盖了美术史上多个重要的历史时期以及艺术流派，如巴洛克风格、文艺复兴风格、印象派风格、中世纪风格，这些主题的色卡是从所属年代与艺术流派的风格中提取具有代表性的颜色而作成，我们可以根据个人需求选择适合的主题。分析本章案例图稿，这是一幅风景画，假如我们设想它的年代比较久远，可以选择"远古风格"主题，如图 8-15 所示。

（7）选择"远古风格"之后，在弹出的面板中可以看到很多的颜色搭配组合。此时，我们选择第二行的颜色组合来辅助本图稿的上色，如图 8-16 所示。

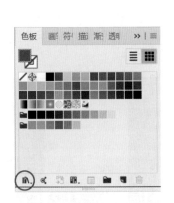

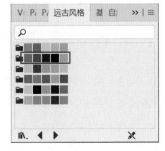

图 8-14　　　　　　　　　图 8-15　　　　　　　　　图 8-16

（8）使用直接选择工具（ ▷ ）选中图稿的圆形，此圆形是风景中的太阳，然后单击色板中的第二个颜色，即偏红的颜色，这样就完成了太阳的配色，如图 8-17 所示。

（9）使用同样方法，分别使用该色卡的其他颜色对图稿中不同区域进行上色。具体搭配的颜色可根据自己喜好自由选择，具体效果如图 8-18 所示。在图 8-18 中，可以清晰地看到使用了"远古风格"色卡后，整个画面呈现

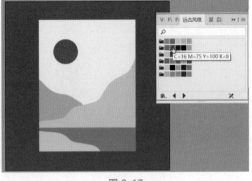

图 8-17

出厚重的年代感，与我们的预期一致。整个配色的效率也非常高，快速实现了图稿的上色。

Tips:

色板库不仅能快速使用平面颜色，还能快速填充图案。我们可以通过色板库快速更换背景图案。

（10）使用直接选择工具（▷）选中背景中的深灰色图形。单击"色板"面板左下角的█图标，执行"图案→基本图形→基本图形_纹理"命令，即可打开相应的面板，单击"十字形"图标，如图 8-19 所示。

（11）整个画面的背景就发生了变化，被十字形图案填满。最终画面效果如图 8-20 所示。

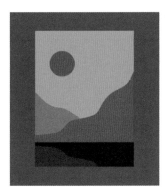
图 8-18

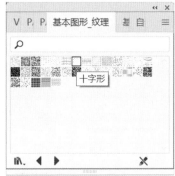
图 8-19

图 8-20

（12）执行"文件→存储为"命令，将图稿存储为 ai 格式的源文件，然后执行"文件→导出→导出为"命令，导出便于预览的 JPG 格式文件。

8.2.1　使用颜色主题

颜色主题服务能够帮助我们快速地为设计项目选择协调生动的颜色组合。颜色主题也就是 Ai 软件中的 Adobe Color Themes 功能。在 Ai 软件中可以创建、存储和访问自己的颜色主题，还可以浏览软件提供的多种公共颜色主题，然后根据自己的需要筛选"最热门""最常用""随机"发布的主题或之前喜欢的主题。一旦找到自己喜欢的主题，便可以对其进行编辑，并将其存储到自己的主题中，或者添加到色板中。

Tips:

"Adobe Color"主题面板除在 Illustrator 上提供外，目前还在其他 3 个 Creative Cloud 桌面应用程序中提供，分别是 Adobe Photoshop、Adobe InDesign 和 Adobe After Effects。从这些桌面应用程序、移动应用程序（如 Capture）或者使用 Adobe Color 网站存储到 Creative Cloud 库中的主题都可以在 Illustrator 中进行无缝访问。

颜色主题面板是访问由在线设计人员社区所创建的颜色组或主题的入口。使用该面板，我们可以创建或编辑数千个主题，然后将这些主题应用在自己的项目中。我们还可以使用此面板，通过上载主题的方式与社区共享自己的主题。

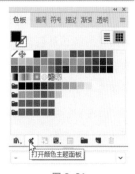

（1）执行"文件→打开"命令，打开素材文件。此时，我们依旧对这张没有上色的风景图片进行配色。

（2）在"色板"面板的左下方找到并单击 ◙ 图标，即可打开颜色主题面板，如图 8-21 所示。

图 8-21

（3）打开颜色主题面板之后，单击左上角的 Create 按钮，可以进入创建主题页面。在这个页面中，我们创建自己喜欢的颜色主题。

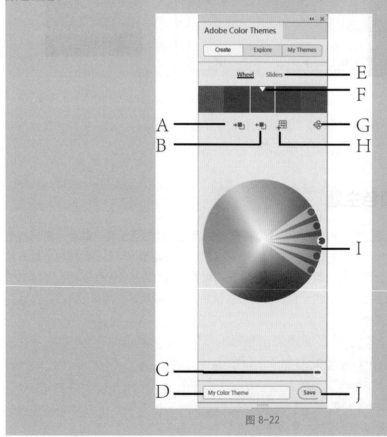

图 8-22

（4）在正在编辑的主题中，单击与某种颜色相对应的小三角来选择基色。根据所选的基色，系统会围绕该基色自动创建一个颜色主题。选定颜色后，我们可以单击 Wheel 按钮，使用色轮调整颜色，或者单击 Sliders 按钮，在滑块选项卡下方可用的一种颜色系统中更改颜色的值来调整颜色，包括 CMYK、RGB、LAB、HSB 或 HEX，如图 8-23 所示。

（5）单击颜色规则图标 ⊕，可以看到软件预设的不同配色方案，有近似色、单色、三色组合、互补色、合成色、暗色、自定义颜色，如图 8-24 所示。接下来我们分别使用以上配色方案来对现有的风景图片进行配色。

（6）使用近似色，即使用色轮上相邻的颜色。近似色通常能够相互配合，而且看上去协调、生动，如图 8-25 所示。

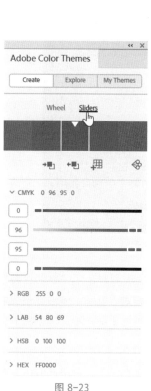

图 8-23

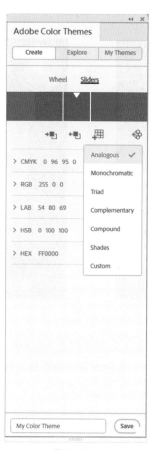

图 8-24

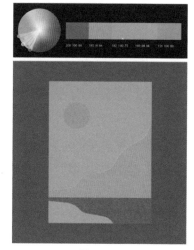

图 8-25

（7）使用单色，即通过调整单个颜色的饱和度和亮度而形成的颜色变体。在使用该颜色规则时，你会看到色调相同但饱和度和亮度值不同的 5 种颜色。单色能够相互协调，并且产生舒缓的效果，如图 8-26 所示。

（8）使用三色组合，即使用色轮上 3 个等距点附近等距分布的颜色。在使用该颜色规则时，你会看到与色轮上第一个点色调相同但饱和度和亮度值不同的两种颜色、与色轮上第二个点色调相同但饱和度和亮度值不同的两种颜色，以及与色轮上第三个点色调相同但饱和度和亮度值不同的一种颜色。三色组合通常对比度较高（不像互补色的对比度那么高），但是用在一起仍然很协调，如图 8-27 所示。

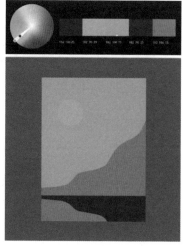

图 8-26

（9）使用互补色，即使用在色轮上位置相对的颜色。在使用该颜色规则时，你会看到与基色色调相同的两种颜色、基色本身，以及色调相同但是在色轮上位置相对的两种颜色。互补色的对比度较高，用在一起通常很醒目，如图 8-28 所示。

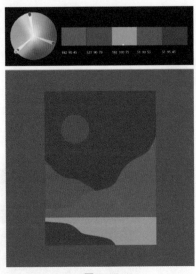

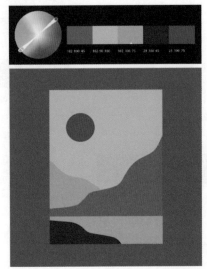

图 8-27　　　　　　　　　　　　　　　　图 8-28

（10）使用合成色，即混合使用互补色和近似色。在使用该颜色规则时，你会看到色调相同并且与基色相邻（相似）的两种颜色、基色本身，以及与基色位置相对（互补）但彼此相邻的两种颜色。合成色主题与互补色主题拥有同样强烈的视觉对比，但合成色主题产生的视觉张力较小，如图 8-29 所示。

（11）使用暗色，即使用 5 种拥有相同色调和饱和度但不同亮度的颜色。它和近似色有些类似，效果如图 8-30 所示。

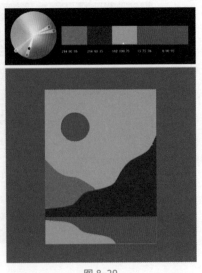

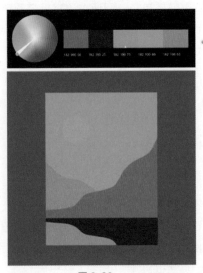

图 8-29　　　　　　　　　　　　　　　　图 8-30

8.2.2　使用颜色参考

在创建图稿时，我们可使用"颜色参考"面板作为激发调配颜色灵感的工具。"颜色参考"面板会基于"工具"面板中的当前颜色建议协调颜色。可以使用这些颜色对图稿进行着色，或在"编辑颜色"对话框中对它们进行编辑，也可以将其存储为"色板"面板中的色板或色板组。总之，我们可以通过多种方式来处理"颜色参考"面板生成的颜色，包括更改颜色、协调规则、调整变化类型（如淡色、暗色、亮色和柔色）和显示的变化颜色的数目。

> Tips:
> 如果已选定图稿，单击颜色变化即可更改选定图稿的颜色，就像单击"色板"面板中的色板操作一样。

在"颜色参考"面板中可以看到不同的功能，如图 8-31 所示，详细说明如下。A：协调规则菜单和现用颜色组；B：设置为基色；C：现用颜色；D：颜色变化；E：将颜色限定为指定的色板库；F：根据所选对象编辑颜色，或编辑或应用颜色（在"编辑颜色→重新着色图稿"对话框中打开颜色）；G：将组存储到"色板"面板。

单击"颜色参考"面板右上角的协调规则按钮（ ⌄ ），即可打开软件预设的配色方案，如图 8-32 所示。其中的协调规则有近似色、单色、互补色、对比色、合成色、三色组合、四色组合、五色组合等，这里的配色方案与颜色主题面板中的预设有些类似。找到这些有参考价值的配色方案后，可以根据自己的图稿来自由搭配颜色，具体配色步骤与前文类似，在此不再赘述。

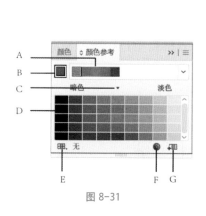

图 8-31

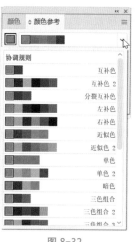

图 8-32

8.3　创建与应用渐变颜色

在本章前两节的内容中，我们主要学习的是平面颜色的处理，这样的配色方式主要应用于扁平化图形的设计中。在实际的设计工作中，我们还会用拟物化的设计风格，这样的设计风格旨在尽可能真实地模拟显示物品的质感，如光感纹理、变化多端的阴影、渐变的色彩，此类风格的页面对于用户而言更具亲和力。如果想要达成这样的画面效果，就需要借助 Illustrator 软件的渐变工具（■）。

所谓渐变，是指两种或多种颜色之间或同一颜色的不同色调之间的逐渐混和。我们可以利用渐变来形成颜色混合，增大矢量对象的体积，以及为图稿添加光亮或阴影的效果。在 Illustrator 软件中，我们可以使用"渐变"面板、渐变工具（■）或"控制"面板来创建、应用和修改渐变。

渐变工具的渐变类型主要有 3 种，即线性渐变、径向渐变和任意形状渐变。任意形状渐变包括以点为中心的渐变和以线条为中心的渐变。在本章中，我们将一起学习以上处理渐变颜色的技巧。

8.3.1　使用线性渐变绘制灯塔

使用线性渐变，可使颜色从一点到另一点进行直线形混合。在本节内容的实践练习中，我们将回顾之前学习的有关图形绘制的技巧，然后在适合的图形中使用线性渐变工具进行渐变填充。

使用线性渐变的方法是在工具箱中选择渐变工具（■），然后单击画布上的对象。在"控件"面板或"属性"面板中会显示"渐变类型"按钮。在选定对象的情况下，单击线性渐变工具以在对象上应用线性渐变。接下来，我们将以灯塔的绘制来演示线性渐变的使用技巧。

> Tips:
> 使用渐变工具还有两种方法：执行"窗口→渐变"命令，或使用 Ctrl+F9 组合键。

（1）启动 Adobe Illustrator 软件。新建一个长 200mm、宽 200mm 的正方形画板。颜色模式为 CMYK，光栅效果为 300ppi。

（2）使用形状工具中的矩形工具（■）、椭圆工具（●）与多边形工具（⬡）绘制出灯塔的外形，具体效果如图 8-33 所示。

（3）在画面中间画一条垂直线，使用对齐工具将其与灯塔图形进行水平居中对齐。执行"窗口→路径查找器"命令，打开"路径查找器"面板，单击面板左下方的"分割"图标（■），将整个灯塔的图形从中间一分为二，如图 8-34 所示。

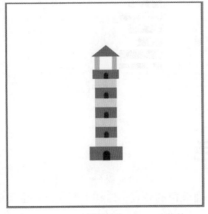

图 8-33

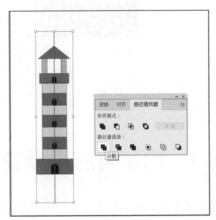

图 8-34

（4）使用直接选择工具（↘），按住 Shift 键加选所有右侧被分割的红色图形，将其颜色改为比之前深一些的红色，如图 8-35 所示。

（5）使用同样方法，将灯塔右半边图形的颜色全部调整为比左侧重一些的颜色。这样就得到了一个使用扁平化设计方法来表现色彩明暗的灯塔图形，具体效果如图 8-36 所示。

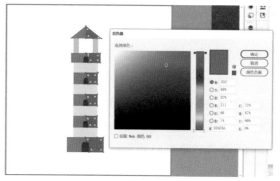

图 8-35

（6）使用钢笔工具（✐）绘制背景，包括下方的陆地、海浪与上方的天空、云朵与灯光的光束图形，效果如图 8-37 所示。此时关于灯塔的基本图形就绘制完成了，需要指出的是，现在填充的颜色全部都是平面颜色。为了让图稿更生动，更具立体感，我们接下来将对陆地、海浪、天空以及灯光的光束图形进行线性渐变的填充。

（7）首先，使用选择工具（▶）选中画面下方的半圆形陆地图形。双击工具箱中的渐变工具（■），打开渐变工具面板，如图 8-38 所示，其中 A 为线性渐变，B 为径向渐变，C 为任意形状渐变，D 为渐变角度，E 为渐变批注者，F 为中点，G 为色标，H 为终点。

图 8-36

图 8-37

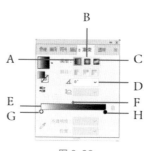

图 8-38

Tips:
渐变批注者：对于线性渐变和径向渐变，当在工具箱中选择渐变工具（■）时，对象中会显示渐变批注者。以图 8-38 为例，渐变批注者是一个滑块（E），该滑块会显示起点（G）、终点（H）、中点（F）以及起点和终点对应的两个色标。默认情况下，首次选择渐变工具（■）来应用渐变时，会应用白色黑色渐变。如果以前曾应用过其他渐变，则默认情况下，会在对象中应用上次使用的渐变。

（8）以图 8-38 为例，我们单击选中 A 处线性渐变图标。在 D 处选择角度为 90°（因为此处想要设置一个垂直方向的渐变，故角度为 90°）。在下方渐变滑块位置，可以调整渐变颜色，G 处为色标起点颜色，H 为色标终点颜色，本图中只有两个色标，也就意味着，它可以实现从 G 到 H 颜色之间的线性混合。更改这两处色标的颜色，即可完成渐变颜色的预设。

（9）在图 8-38 中，假设需要陆地的颜色是从浅褐色到深褐色的渐变，那么就双击 G 处起点色标，将其颜色调成浅褐色，如图 8-39 所示。然后使用同样方法，双击 H 处终点色标，将其颜色调整为深褐色。最终，"渐变"面板的设置参数与使用线性渐变填充后的图形效果如图 8-40 所示。

（10）使用与上面相同的方法，对海浪进行线性渐变的填充。使用选择工具（▶）选中最下方的海浪图形，在"渐变"面板中将渐变角度设为 90°。双击渐变滑块起点与终点的两个色标端点，分别将颜色改为一浅一深的青色。最终，"渐变"面板的设置参数与使用线性渐变填充后的图形效果如图 8-41 所示。

（11）使用与上一步相同的方法，为其他两个海浪图形添加渐变颜色。注意，3 片海浪的颜色由下向上越来越深，这样可以营造出一种空间感。最后，画面效果如图 8-42 所示。注意，"渐变"面板底部的位置对应的就是图 8-42 中 A 处的中点所在的位置，我们在调节渐变时可以拖动中点，让不同颜色的混合更加符合我们的预期。

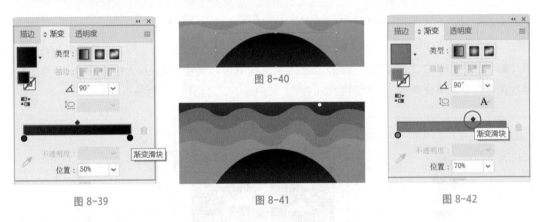

图 8-39　　　　　　　图 8-41　　　　　　　图 8-42

（12）调节灯光的光束的渐变颜色。在这里，我们学习保存渐变的技巧。使用选择工具（▶）选中画面左侧的黄色光束，在"渐变"面板中调节参数，具体效果如图 8-43 所示。

（13）假如我们非常喜欢这个渐变的配色，想保存下来便于以后使用，可以单击"渐变"面板中渐变图标右侧的▼按钮，再单击左下角的"添加到色板"图标，这样就可以保存该渐变预设了，如图 8-44 所示，左下角的"新建渐变色板 1"就是保存的渐变配色。

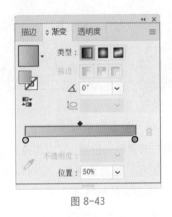
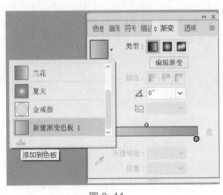

图 8-43　　　　　　　图 8-44

（14）在本案例的画面中，灯塔有两个黄色光束，我们已经画完了左侧的光束，现在可以使用保存的渐变颜色来填充右侧光束。使用选择工具（▶）选中右侧光束图形，在"渐变"面板中单击渐变图标右侧的▼按钮，找到之前保存的渐变"新建渐变色板 1"，单击应用该渐变。由于此处图形渐变的颜色是左侧图形，是相反的，所以在"渐变"面板中将渐变角度改成 180°即可，如图 8-45 所示。这样，两条光束的渐变颜色就画好了。

（15）给天空设置线性渐变，使用参数如图 8-46 所示。天空部分图形由上到下呈现出从浅蓝到深蓝的变化。至此，所有配色部分的工作就全部完成了，图片最终效果如图 8-47 所示。

图 8-45

图 8-46

图 8-47

（16）最后，我们给图稿做一些装饰。在图稿顶层绘制一个圆形，按 Ctrl+A 组合键将画板上全部图形进行选中，单击鼠标右键，在弹出的快捷菜单中执行"建立剪切蒙版"命令，将整个图稿切割成圆形，效果如图 8-48 所示。

（17）将图稿的背景填充为深灰色，在图形外侧绘制一个白色圆形外框，设置一些阴影的效果。最终作品效果如图 8-49 所示。

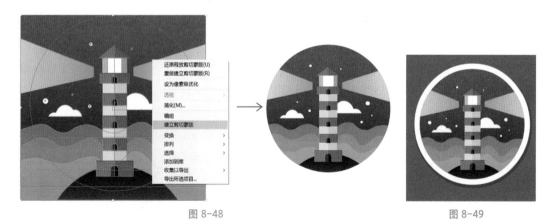
图 8-48　　　　　　　　图 8-49

（18）执行"文件→存储为"命令，将图稿存储为 ai 格式的源文件，然后执行"文件→导出→导出为"命令，导出便于预览的 JPG 格式文件。

8.3.2　使用径向渐变绘制名片

使用径向渐变，可使颜色从一点到另一点进行环形混合。径向渐变工具与线性渐变工具都是我们常用的渐变工具。

使用径向渐变的方法是在工具箱中选择渐变工具（■），然后单击画布上的对象。在"控件"或"属性"面板中会显示"渐变类型"按钮。在选定对象的情况下，单击径向渐变以在对象上应用径向渐变。接下来，我们将以名片的设计来演示径向渐变的使用技巧。

（1）启动 Adobe Illustrator 软件。执行"文件→打开"命令，打开素材文件，可以看到一张未编辑、未上色的名片模板，如图 8-50 所示。

（2）使用选择工具（▶）选中右上角的半圆形，双击工具箱中的渐变工具（■），打开"渐变"面板，如图 8-51 所示，在渐变类型中选择径向渐变，在渐变滑块处调节起点色标为黄色，终点色标为绿色。使用选择工具（▶）选中起点的黄色色标，将"不透明度"调为 80%。参数设置完毕后，使用鼠标在画板上进行拖曳，具体的方向与长度如图 8-52 所示，这样就完成了第一个图形的径向渐变填充。

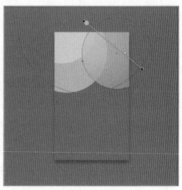

图 8-50　　　　　　　　　　图 8-51　　　　　　　　　　图 8-52

（3）使用与上一步骤同样的方法，给左侧两个半圆形进行径向渐变的填充。上下两个图形的"渐变"面板的调节参数分别如图 8-53 和图 8-54 所示。此时 3 个半圆形全部进行了径向渐变的填充，最终效果如图 8-55 所示。

图 8-53　　　　　　　　　　图 8-54　　　　　　　　　　图 8-55

（4）分别给 3 个半圆形添加投影效果。让叠加在一起的不同图形看起来更有层次感和立体感。具体的方法如下。使用选择工具（▶），按住 Shift 键加选 3 个半圆形，执行"窗口→风格化→投影"命令，打开"投影"对话框，如图 8-56 所示。在"投影"对话框中调节参数，设置"模式"为"正片叠底"，"不透明度"为 50%，"X 位移"为 0mm，"Y 位移"为 2mm，"模糊"为 1.76mm，"颜色"选择与背景颜色相似的深红色，选中"预览"复选框可以即时预览图稿状态，我们可以根据自己的偏好进行调整，全部设置完毕后，单击"确定"按钮。添加阴影后的图稿效果如图 8-57 所示。

（5）使用文字工具（T），编辑名片的基本文字信息，进行合理的排版。使用对齐工具，将文字与名片进行水平居中对齐，最后使用形状工具为图稿添加一些装饰，完成名片的绘制与设计。最终画面效果如图 8-58 所示。

图 8-56

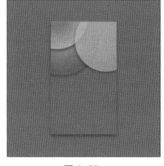
图 8-57

图 8-58

（6）执行"文件→存储为"命令，将图稿存储为 ai 格式的源文件，然后执行"文件→导出→导出为"命令，导出便于预览的 JPG 格式文件。

8.3.3　使用任意形状渐变绘制苹果

任意形状渐变是 Illustrator 软件的新功能，利用此渐变类型可在某个形状内使色标形成逐渐过渡的混合，可以是有序混合，也可以是随意混合，最终目的是让混合看起来很平滑、自然。在没有此功能之前，能够承担同类工作的是渐变网格工具，相较而言，任意形状渐变的优势更加明显，它极大地提高了渐变的精度以及工作效率。

使用任意形状渐变的方法是在工具箱中选择渐变工具（▦），然后单击画布上的对象。在"控件"或"属性"面板中会显示"渐变类型"按钮。在选定对象的情况下，单击任意形状渐变可在对象上应用任意形状渐变。

在单击"任意形状渐变"工具之后，会出现下面两个可用的选项，如图 8-59 所示。

- **点**：如果希望在对象中创建单独点形式的色标，请选中此单选按钮。
- **线**：如果希望在对象中创建直线段形式的色标，请选中此单选按钮。

在本节中，我们将通过苹果的绘制来一起学习任意形状渐变的使用技巧。

（1）启动 Adobe Illustrator 软件。执行"文件→打开"命令，打开素材文件，可以看到一张没有上色的苹果插画，如图 8-60 所示。

（2）使用选择工具（▶）选中苹果的果实部分图形，执行"窗口→渐变"命令，打开"渐变"

面板，渐变"类型"选择"任意形状渐变"，"绘制"选项选中"点"单选按钮。此时苹果的图形出现了渐变填充，如图 8-61 所示，图形上在 A 和 B 的标记处出现了两个小圆环。小圆环代表色标，双击色标可以改变色相。

图 8-59

图 8-60

图 8-61

（3）双击 A 色标，将此色标改成深红色。单击此色标，使用鼠标可以随意拖动其位置，把 A 色标拖到如图 8-62 所示位置。色标在选定状态下，周围会有一个虚线的圆圈，下方会有一个黑色圆点，向下拖动此黑色圆点，周围虚线的圆圈面积会变大，此色标所对应的颜色区域也随之变大。反之，如果向上拖动此黑色圆点，则周围虚线的圆圈面积会缩小，此色标对应的颜色区域也随之缩小。此时，我们向下拖动此黑色圆点，让红色区域稍微变大一些。从功能上看，A 色标控制苹果的主体颜色。

（4）双击 B 处色标，将其颜色调成浅红色，具体参数如图 8-63 所示。从绘画角度来看，B 色标模拟了光线照射之后在苹果右上方呈现的高光区域。

（5）当选择任意形状渐变时，在选中的图形的任意位置进行单击都会添加一个新的色标。此时，我们在 B 处色标右边单击鼠标，为图形添加一个新的色标 C，并将此色标颜色改成比 A 稍浅的红色，效果如图 8-64 所示。C 色标控制的色彩区域模拟的是苹果受光部位，它没有 B 处色标所代表的高光区域这么亮，但比 A 处色标代表的苹果主体颜色区域的明度要高一些。

图 8-62

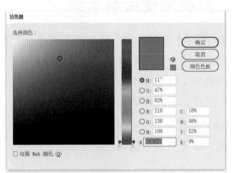

图 8-63

图 8-64

（6）使用与上面步骤相同的方法，如图 8-65 所示，在苹果左下角 D 处添加一个新色标，此色标颜色要比 A 处色标颜色深一些，因为该色标控制的区域代表的是苹果的背光面，它是暗部的颜色。至此，整个苹果果实部分的渐变就全部做完了。

Tips:
　　回顾 A、B、C、D 这 4 处色标的位置与颜色的选择，可以清楚地认识到，使用 Illustrator 软件绘图实际上就是对现实中绘画的模拟，所用到的有关上色的基本原理和现实中的绘画是异曲同工的。

（7）接下来继续绘制苹果的果柄与枝叶。在前面果实区域的绘制过程中，我们使用的是"任意形状渐变"中的"点"的绘制工具。在绘制果柄时，将使用"任意形状渐变"中的"线"的绘制工具。

（8）使用选择工具（▶）选中果柄图形，再选中苹果的果实部分图形，执行"窗口→渐变"命令，打开"渐变"面板，渐变"类型"选择"任意形状渐变"，"绘制"选项选中"线"单选按钮，如图 8-66 所示，此时在果柄的图形中出现了两个色标，分别在 E 和 F 位置。

（9）如图 8-67 所示，单击 E 处色标，在 E 和 F 色标的中间位置单击鼠标左键，给果柄添加一个新色标 G，然后继续单击 F 处色标，此时 E、G、F 这 3 个点共同构成一条弧线。这个功能是将曲率工具的"贝塞尔曲线"运用到渐变填充中，这对于软件技术而言是一个非常大的进步。下面分别双击 E、G、F 这 3 个色标，将色标颜色改成浅褐色，效果如图 8-68 所示。

图 8-65

图 8-66

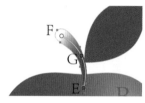

图 8-67

（10）使用与上一步骤相同的方法，在 E、G、F 这 3 个色标组成的弧线左侧添加 3 个色标，组成一条新的弧线，并将 3 个色标的颜色设置为深褐色。也就是说，左侧弧线对应的颜色比右侧弧线对应的颜色要深一些，以此来模拟果柄的背光部位与受光部位。此时果柄图形的渐变颜色填充就完成了，最终效果如图 8-69 所示。

（11）使用选择工具（▶）选中果柄图形，单击鼠标右键，在弹出的快捷菜单中执行"排列→置于底层"命令，将果柄置于果实的下方。使用前面所学方法，给枝叶进行渐变填充，完成整个苹果的绘制。最终效果如图 8-70 所示。

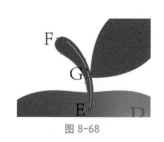

图 8-68

图 8-69

图 8-70

（12）执行"文件→存储为"命令，将图稿存储为 ai 格式的源文件，然后执行"文件→导出→导出为"命令，导出便于预览的 JPG 格式文件。

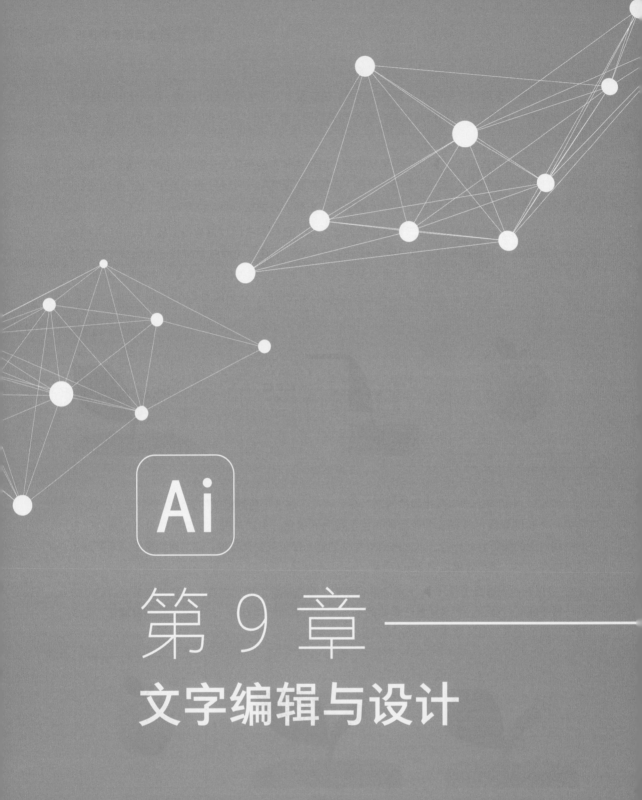

第 9 章

文字编辑与设计

Adobe Illustrator 的文字处理功能很强大。用户在进行图像处理和文字编排时，经常会遇到在文本中添加图形对象和在图形对象中添加文本的问题，Illustrator 提供了非常强大的文本编辑和图文混排功能。它提供各种弯曲的文字效果，可以将文本沿着任何形状的路径输入，或精确地排入任何封闭图形中，并且能够有效地控制文本的文字属性，包括字号、字间距、行距以及对齐等。Illustrator 还可以将文本完全转换为轮廓成为图形来进行任意编辑，此操作还可以避免将文件交给输出中心输出时，会因为字体不一致，而无法顺利地将文字输出。本章将探索如何创建基本的文字和有趣的文字效果。

9.1　文字工具

本节内容介绍文字的输入、文本格式、颜色、图文绕排、文字变形、文字转图形和段落的设置。

9.1.1　文字的输入

Adobe Illustrator 在工具箱中提供了 7 种文字输入工具，如图 9-1 所示。

其中，使用"文字工具"和"直排文字工具"进行常规文字的输入；使用"区域文字工具"和"直排区域文字工具"用于在封闭图形内水平或垂直输入文字；使用"路径文字工具"和"直排路径文字工具"用于沿路径排布的文字输入；使用"修饰文字工具"用于改变单独文字的格式。

输入文本可以使用工具箱中的"文本工具"，也可以执行"文件→置入"命令置入其他软件生成的文本信息。同时也可以从其他的文字处理软件中复制文字信息，然后粘贴到 Ai 文件中。

1. 使用"文本工具"（T）输入文字

在工具箱中选中"文字工具"（T），在页面上单击鼠标，就会出现闪动的文字插入光标，此时便可以输入文字，如图 9-2 所示。此时的文字称为"点状文字"。

图 9-1

图 9-2

- **点状文字**：是指从画面上单击的位置开始，并随着字符的输入而扩展的一行或一列横排或直排文本。这种方式非常适用于在图稿中输入少量文本的情形。

如果有大量的文字输入，那么需要首先确定文字范围，方法是选中"文字工具"（T）后，用鼠标在页面上拖拉形成矩形块，松开鼠标后，就会形成矩形的文字块，在左上角有光标闪动，此时就可输入文字了，文字到矩形的边框便会自动换行，如图 9-3 所示。此时的文字称为"区域文字"。

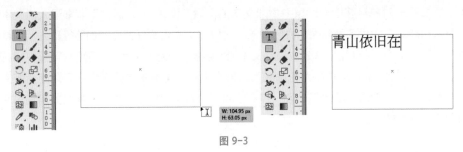

图 9-3

- **区域文字**：是指利用对象的边界来控制字符排列（既可横排，也可直排）。当文本触及边界时，会自动换行，以落在所定义区域的外框内。当想创建包含一个或多个段落的文本（比如宣传册之类的印刷品）时，这种输入文本的方式会非常有用。

"区域文字"的外轮廓可以使用直接选择工具拖动锚点来改变形状，如图 9-4 所示。

"点状文字"和"区域文字"之间是可以转换的，如图 9-5 所示。

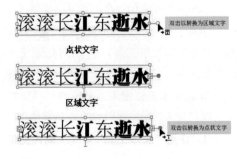

图 9-4　　　　　　　　　　　　　　　　图 9-5

2．文字在封闭区域内分布

在使用"区域文字工具"输入文字时，必须有一个处于选中状态的闭合图形。首先，选择工具箱中的星形工具绘制星形，如图 9-6 所示。

其次，选中工具箱中的"区域文字工具"，将其放在图形的边线上，然后单击鼠标，此时星形边缘出现闪动的光标，而且星形的填充变为无色，这时就可以输入文字了，输入的文字会按照星形的形状在星形内排列，如图 9-7 所示。

图 9-6　　　　　　　　　　　　　　　　图 9-7

同样，绘制图形后，选择"直排区域文字工具"在图形边缘单击鼠标，那么输入的文字将按照图形的形状在图形内竖排，如图 9-8 所示。

（1）使用"钢笔工具"（✒）绘制出水杯以及热水冒出的轻烟形状，如图 9-9 所示。

（2）选中"区域文字工具"，将其放在图形的边线上，然后单击鼠标，此时轻烟边缘出现闪动的光标，而且轻烟的填充变为无色，这时就可以输入文字了。输入的文字会按照轻烟的形状排列，如图 9-10 所示。

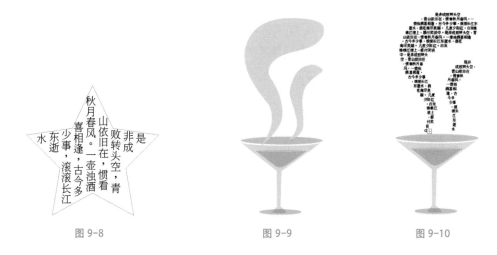

图 9-8　　　　　　　　　　图 9-9　　　　　　　　　　图 9-10

3．使用命令置入文本

如果需要的文本信息已经在其他软件中生成，就可以使用"文件→置入"命令置入这些文本信息。在置入文本信息之前，可以先使用文字工具确定文本框的大小，也可以不确定文本框的大小直接置入。

执行"文件→置入"命令之后会打开置入文件对话框，从对话框中选择要输入的文件，然后双击文件名或单击"置入"按钮，即可把文本置入 Illustrator 文件中。置入的文本会自动处于选择状态，如图 9-11 所示。

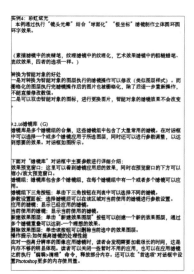

图 9-11

4. 溢出文字

当文字多且区域小时，文字就会产生溢出现象，即文字末尾出现一个红色的田字格标志，如图 9-12 所示。

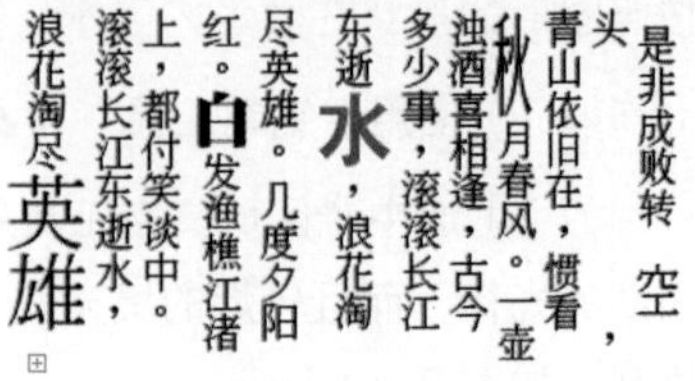

这时表示区域范围有点小，文字没有全部显示出来。此时的解决方法有两个，一是改变区域的大小，使用"移动工具"拖动区域操作点，将区域变大至文字全部显示即可，

图 9-12

如图 9-13 所示。二是改变文字的大小。如果区域不能改变大小，那就只能改变文字的大小。通过改变文字的字号、字间距、行距等，来调整文字以适应区域的范围，如图 9-14 所示。

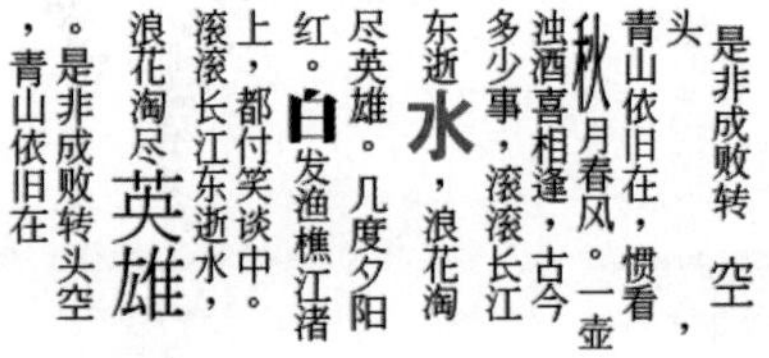

图 9-13

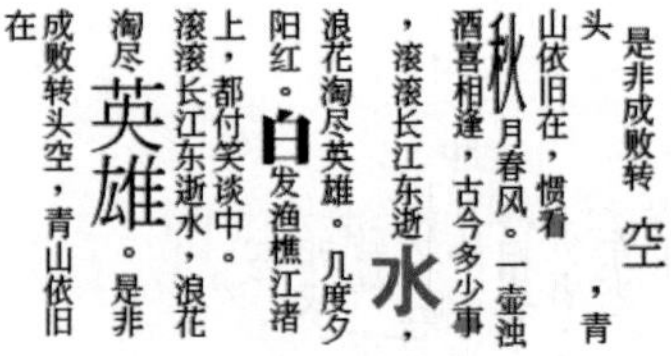

图 9-14

如果文字很多，一个区域放不下，那么可以再创建一个区域，将文字流入第二个区域。此办法适用于正文内容较多的情况，如图 9-15 所示，当文字出现溢出标记时，执行"移动工具"命令，将鼠标移动到红色田字格上，鼠标形状发生变化，此时单击鼠标，鼠标形状再次变化，如图 9-16 所示。

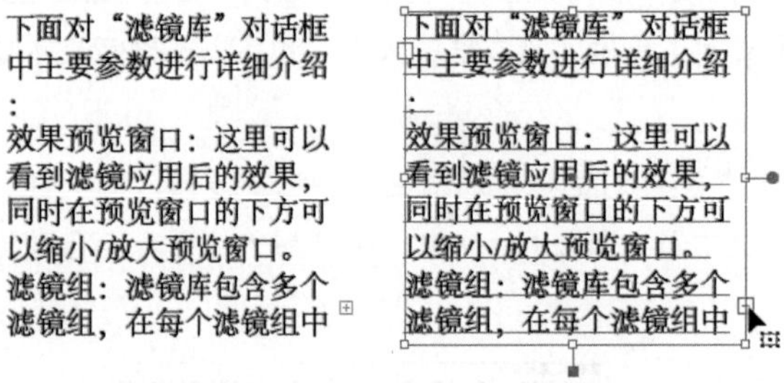

图 9-15

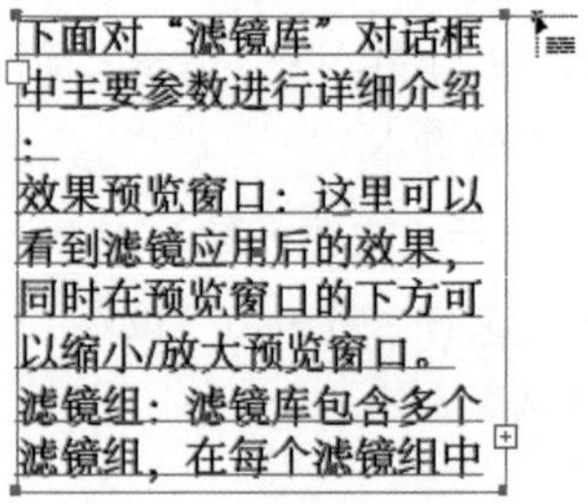

图 9-16

将鼠标移到与第一个区域平行的高度，单击鼠标，将创建一个与第一区域相同大小的区域。两个区域不够时，继续创建第三个区域，如图 9-17 所示。

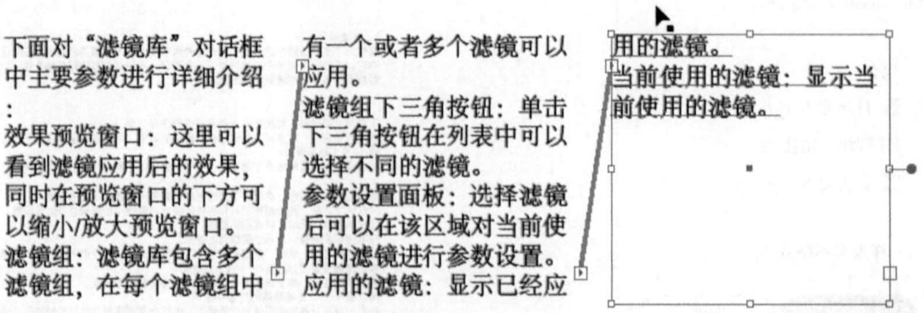

图 9-17

此时注意，两个文本区域之间有一条直线，这表明两个文本区域是相连的。如果看不到该

连接线，则可以执行"视图→显示文本串接"命令。连接线的两端都有一个小箭头，表示文本如何从一个对象流到另一个对象。

如果删除第二个或第三个区域，则其中的文本将返回到原来的文本区域并成为溢流文本，红色田字格出现。溢流文本虽然不可见，但并没有删除，如图9-18所示。

> Tips:
>
> 可以分割串接文本，以便每个文本区域与另一个文本区域不再连接，方法是通过执行"文字→串接文本→移去串接文字"命令来选择其中一个串接文本区域（但文本仍然存在）。执行"文字→串接文本→释放所选文字"命令会移除所选文本区域的串接并移除文本。

溢出文字还可以溢出到绘制的封闭区域内，如图9-19所示。

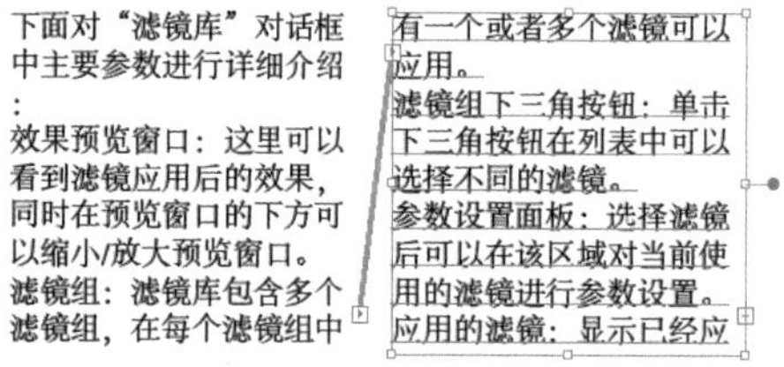

图9-18

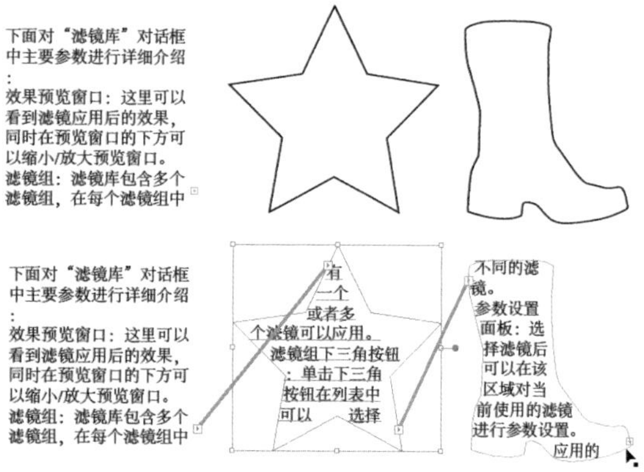

图9-19

5．横排竖排文字的转换

如果在输入文字后想改变文字的排列方式，执行"文字→文字方向→垂直"命令，文字就转成了竖排。同理，执行"水平"命令可将竖排文字转成横排文字，如图9-20所示。

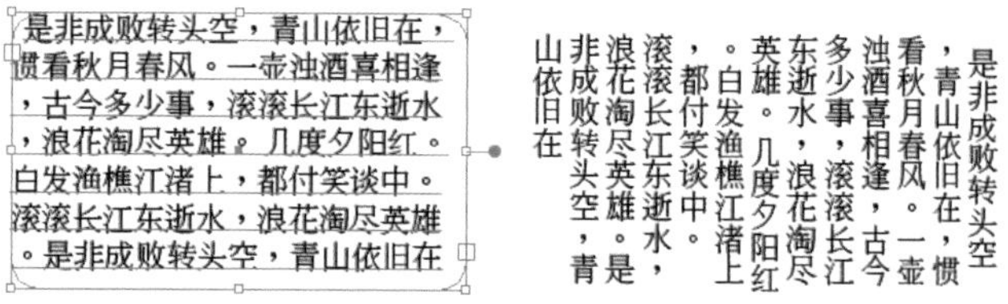

6．文字沿路径分布

"路径文字工具"和"直排路径文字工具"用于沿路径分布的文字输入。路径可以是闭合路径，也可以是开放路径。此时的文字称为"路径文字"。

图9-20

路径文字是指沿着开放或封闭的路径排列的文字。当水平输入文本时，字符的排列会与基线平行，当垂直输入文本时，字符的排列会与基线垂直。无论是哪种情况，文本都会沿路径点添加到路径上的方向来排列。

首先，使用钢笔工具绘制一条曲线路径，如图9-21所示。

其次，在工具箱中选中"路径文字工具"，移动鼠标到页面上，此时在光标的下半部分有一条波浪曲线，将

图9-21

光标移到曲线路径边缘单击鼠标，出现闪动的文字输入光标，这时输入的文字就会自动沿路径分布，如图 9-22 所示。

如图 9-23 所示，当使用选择工具选择路径上的文字时，将鼠标放在文字的起始点，即红色箭头所指短线，按住鼠标向右拖动，即可移动文字的位置。

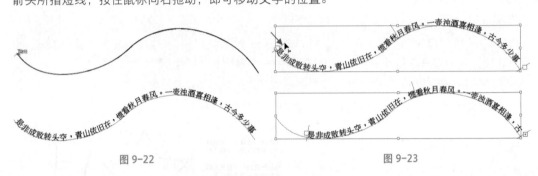

图 9-22　　　　　　　　　　　　　　　　　　　　图 9-23

如图 9-24 所示，如果将鼠标放在文字的中心点，即红色箭头所指短线，按住鼠标左键向路径的另一面拖动，即可将文字移到路径的另一面。

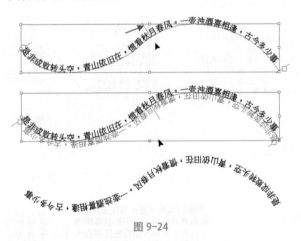

图 9-24

还可以对路径进行修改。使用"直接选择工具"选中路径，并进行修改，此时路径上的文字随路径的改变而改变排列，如图 9-25 所示。

文字还可以围绕封闭图形的路径进行分布，如图 9-26 所示。

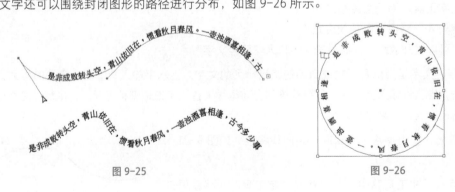

图 9-25　　　　　　　　　　　　　　　　　　　　图 9-26

（1）绘制一个圆角矩形，如图 9-27 所示。

（2）选中"路径文字工具"，在圆角矩形路径上单击，并输入文字，如图 9-28 所示。

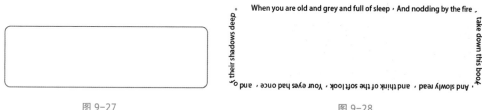

图 9-27　　　　　　　　　　　　　　　　　图 9-28

（3）按住 Shift+Alt 组合键以及键盘上向下的方向键，调整文字的垂直方向，使其居中排列，如图 9-29 所示。

（4）使用"直接选择工具"（▷），单击路径（注意，确定选定的是圆角矩形的路径，而不是文字路径），使用"描边"面板改变边线的宽度为 20，边线色设为"0、50、100、0"。文字的填充色为白色，如图 9-30 所示。

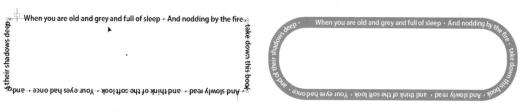

图 9-29　　　　　　　　　　　　　　　　　图 9-30

（5）使用"矩形工具"（▢）绘制一个矩形，边线色设为无色，填充色设为线性渐变色"0、0、0、0""80、28、0、0"，角度设为 -90，如图 9-31 所示。

（6）使用"椭圆工具"（⬭）绘制气泡，边线色设为无色，填充色设为放射状渐变色"0、0、0、0""80、28、0、0"。将所在气泡与矩形群组，如图 9-32 所示。

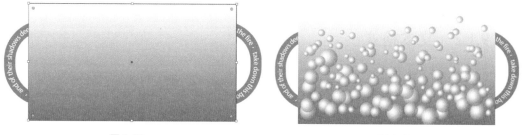

图 9-31　　　　　　　　　　　　　　　　　图 9-32

（7）输入文字 LOVE 并放在气泡图形上面，用以制作蒙版，如图 9-33 所示。

（8）制作蒙版，让 LOVE 产生钻过路径文字的效果。绘制两个矩形，注意，两个矩形的边缘要和路径文字的边线严丝合缝，如图 9-34 所示。

（9）执行"建立蒙版"命令，最终效果如图 9-35 所示。

7．使用"修饰文字工具"改变单独文字

可以使用"修饰文字工具"来将段落中的单个文字进行特殊修饰。

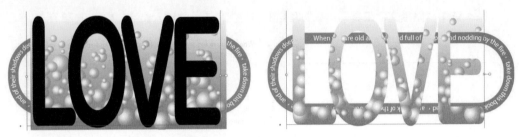

图 9-33

图 9-34 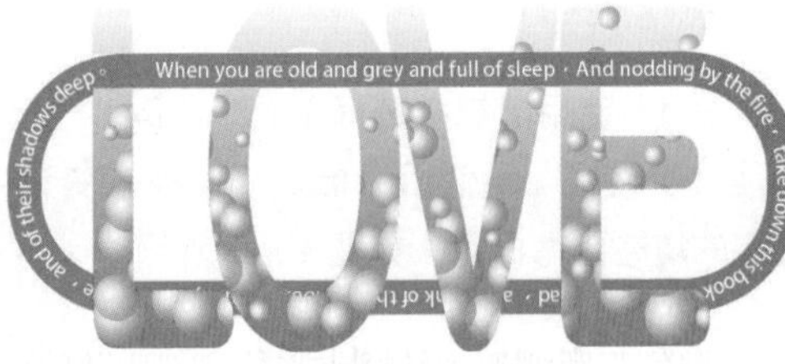　　　　　　　　　　　　　　　　图 9-35

首先，选择"修饰文字工具"，然后选择段落中的某个文字，如图 9-36 所示。

其次，改变此文字的大小、位置、字体、字号、字色等，如图 9-37 所示。

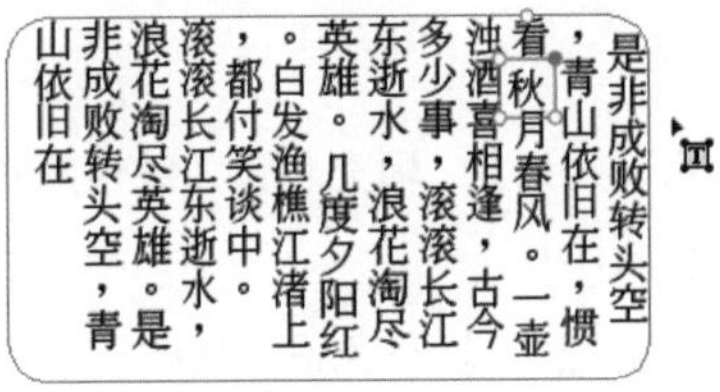

图 9-36

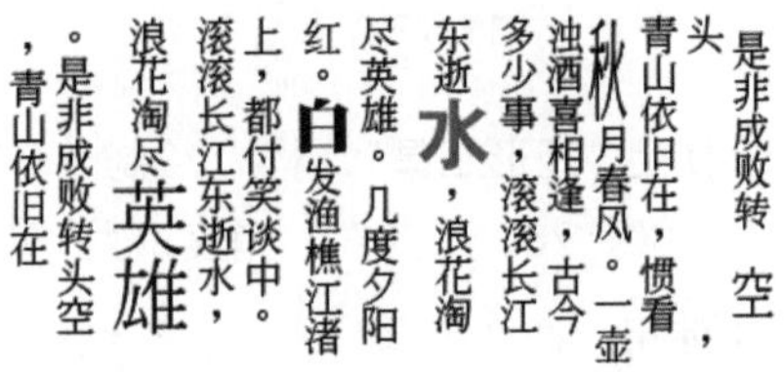

图 9-37

9.1.2　文本格式

输入文字后，就可以通过"字符"面板对文字进行设置。通过按 Ctrl+T 组合键或执行"窗口→文字→字符"命令，打开"字符"面板，如图 9-38 所示。

"字符"面板中各项参数意义如下。

（1）字体。先使用文字工具将文字选中，然后选择所需字体，如图 9-39 所示为不同字体的一行文字。

（2）字号。用于改变文字的大小。在它后面的数值框中可以输入数值改变文字的大小，也可以单击数值框后面的黑三角下拉按钮，在弹出菜单

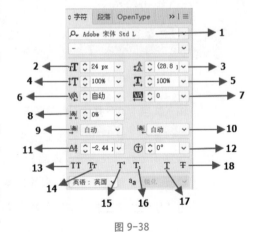

图 9-38

中选择软件给定的数值。用鼠标单击数值框前面两个小三角按钮，也可以改变数值的大小，如图 9-40 所示为不同字体大小的一行文字。

图 9-39

图 9-40

（3）行距。用于定义文本中行与行之间的距离，如图 9-41 所示为字号一样但行距不同的两段文字。

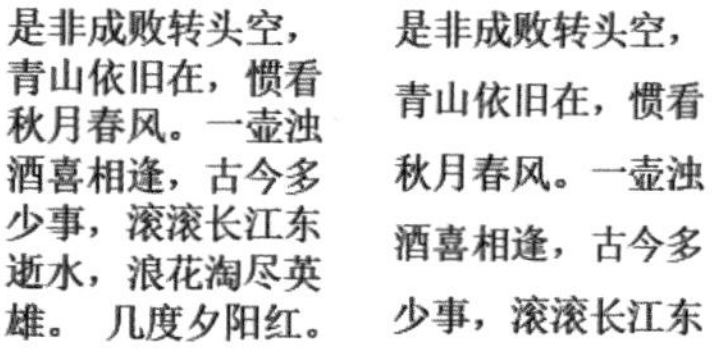

（4）垂直缩放。表示文字横向大小保持不变，纵向被缩放。缩放比例小于 100%，表示文字被压缩变扁；缩放比例大于 100%，表示文字被拉长。如图 9-42 所示的文字自左至右的缩放比例数值分别为 50%、100% 和 150%。

图 9-41

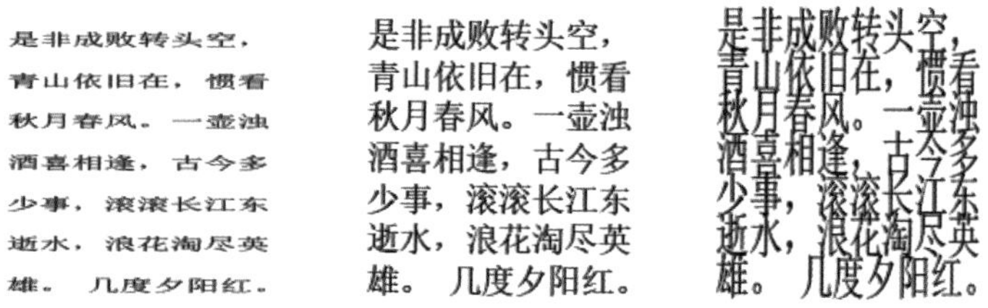

图 9-42

（5）水平缩放。表示文字纵向保持不变，横向被缩放。缩放比例小于 100%，表示文字被压缩变长；缩放比例大于 100%，表示文字被拉伸变扁。如图 9-43 所示的文字自左至右的缩放比例数值分别为 50%、100% 和 150%。

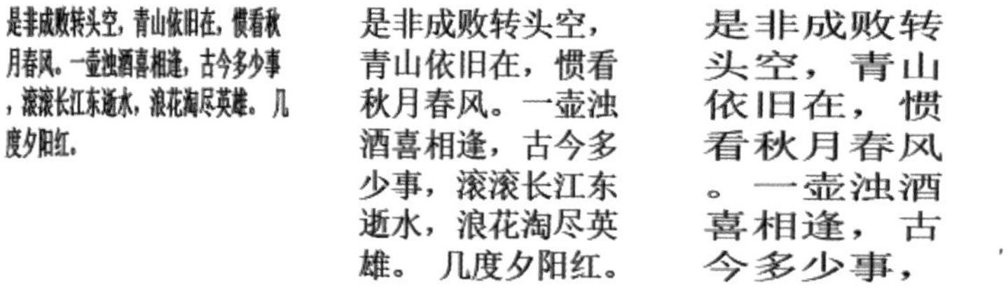

图 9-43

（6）字距微调。用于对字母与字母之间的距离做细微调整。如图 9-44 所示，图 9-44（b）和图 9-44（c）中分别在"浪花"和"古今"前面插入光标，并将字距微调值设为 -100%，在不改变整体字号或者行距的前提下，将段落中的文字进行了微调。

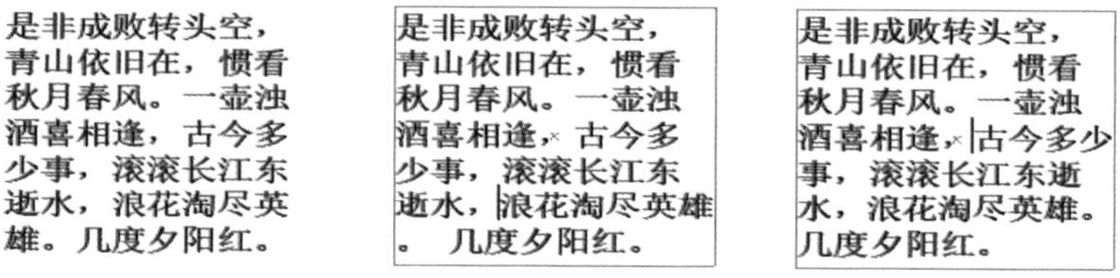

（a）

（b）

（c）

图 9-44

（7）字距。这个调整值调整的范围很小，可以是负值，也可以是正值，负值表示字距变小，正值表示字距变大。如图 9-45 所示是字距值分别为 -100、0 和 200 情况下的文字排列。

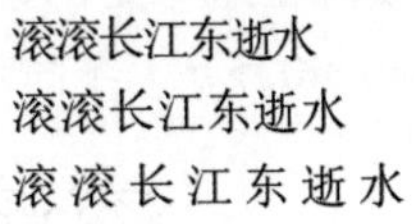

滚滚长江东逝水
滚滚长江东逝水
滚 滚 长 江 东 逝 水

图 9-45

（8）比例间距。按比例进行缩放微调，使文字适配于区域内。如图 9-46 所示为比例间距取值分别为 0%、30%、60%、90% 和 100% 时的情况比较。

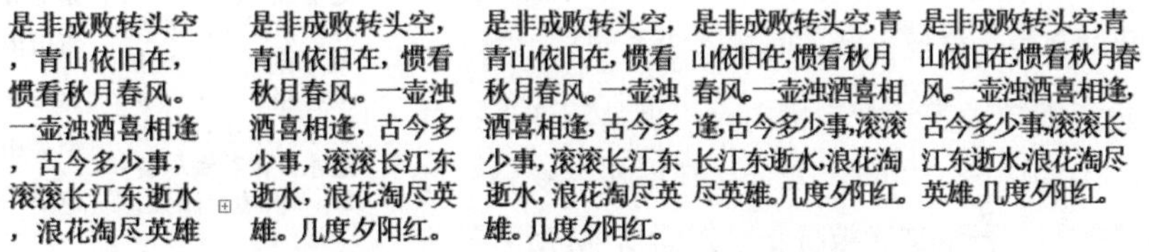

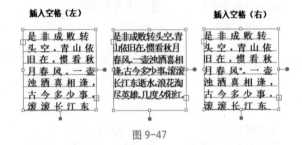

图 9-46

（9）插入空格（左）。沿着区域左边线插入空格，如图 9-47 所示。

（10）插入空格（右）。沿着区域右边线插入空格，如图 9-47 所示。

（11）基线偏移。用于调节文字的上下位置。此值为负值时表示文字下移，为正值时表示文字上移。如图 9-48 所示，"长江"两侧文字的偏移值分别为 -6 和 6。

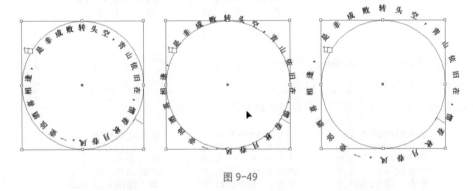

图 9-47 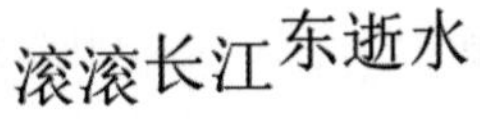　　　　　　　图 9-48

使用此值还可以对沿路径排列的文字进行调整。如图 9-49 所示的绕圆形路径的文字，基线偏移分别取值为 -12、0 和 12 时的文字排列。

图 9-49

（12）字符旋转。选中文字后进行旋转数值的设置，文字即可按一定角度旋转，如图 9-50 所示为旋转 -30° 的"东"字。

图 9-50

（13）全部大写字母。适用于外文，可以将所选字母全部转为大写字母，如图 9-51 所示。

（14）小型大写字母。适用于外文，可以将所选字母全部转为小型的大写字母，如图 9-51 所示。

（15）上标。将所选文字设为上标，如图 9-52 所示。

（16）下标。将所选文字设为下标，如图 9-52 所示。

使用上标和下标选项可以将简单的数学公式和化学元素表达出来，但是只设上下标还不够，还需要进一步调整字距，如图 9-52 所示。

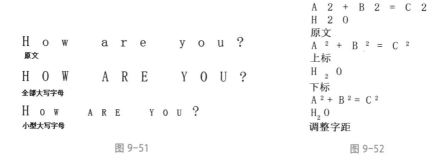

图 9-51   图 9-52

（17）下画线。给所选文字添加下画线，如图 9-53 所示。

（18）删除线。给所选文字添加删除线，如图 9-54 所示。

图 9-53   图 9-54

9.1.3 文字的颜色

（1）文字的颜色包括填充色和描边色两部分，它们分别通过工具箱下面的填充及边线框设定，如图 9-55 所示，输入文字的默认填充色为黑色，描边色为无。

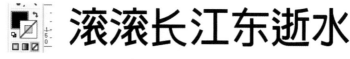

图 9-55

使用移动工具选中文字框，可以改变填充色和描边色，如图 9-56 所示。

图 9-56

（2）边线宽度。文字的边线宽度可以通过"描边"面板进行设定，如图 9-57 所示。

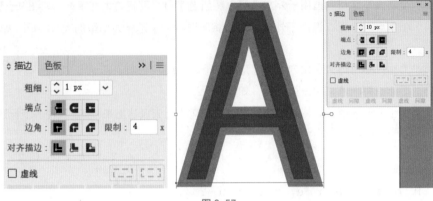

图 9-57

可以改变边角，如图 9-58 所示。

图 9-58

可以将边线设为虚线，如图 9-59 所示。

（3）渐变色。文字的填充和描边都可以使用渐变色，如图 9-60 所示，选中文字后单击鼠标右键，在打开的快捷菜单中执行"创建轮廓"命令，或者按 Shift+Ctrl+O 组合键，将填充和描边都用渐变色来填充。

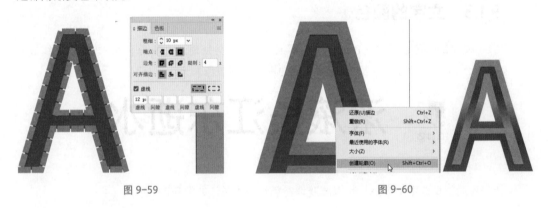

图 9-59   图 9-60

（4）特殊效果。可以填充图案和应用艺术效果，如图 9-61 所示。

下面通过案例讲解文字颜色的填充。

（1）绘制一个如图 9-62 所示的 4 个直角相对的三角形，其边线色为无色，填充色分别为"0、12、25、0""0、34、75、0""0、50、100、0""0、25、50、0"。

图 9-61   图 9-62

（2）将绘制好的图形拖到"色板"面板定义为图案，如图 9-63 所示。

（3）使用"椭圆工具"（）绘制菠萝的基本图形，其边线色为无色，填充色为新定义的图案，如图 9-64 所示。

（4）使用"钢笔工具"（）绘制菠萝叶子。其边线色为无色，叶子的填充色为渐变色，渐变颜色滑块的设定分别为"0、0、0、0""76、0、89、0""0、0、0、0"，然后将菠萝和菠萝叶子组合在一起，如图 9-65 所示。

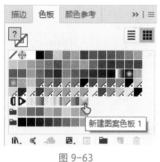

图 9-63   图 9-64   图 9-65

（5）输入文字 FRUIT，描边为无色。按 Shift+Ctrl+O 组合键将文字转换为图形，如图 9-66 所示。

（6）将 FRUIT 复制两份，使 3 个文字图形按上下顺序排列，位于最上面的文字的填充色为渐变色"83、0、100、0""0、0、0、0""83、0、100、0"，位于中间的文字的填充色设为"15、0、28、0"，位于最下面的文字的填充色设为"100、0、100、42"，如图 9-67 所示。

图 9-66   图 9-67

（7）将菠萝与文字组合成最终效果，如图 9-68 所示。

图 9-68

9.1.4　编辑段落

区域内的大量文字组成了段落，Illustrator 针对段落文本的设置，如图 9-69 所示。

"段落"面板的最上面一排小图标用来设定段落文字的对齐方式，分别为左对齐、居中对齐、右对齐、两端对齐-末行左对齐、两端对齐-末行居中对齐、两端对齐-末行右对齐、全部两端对齐。

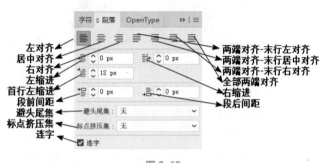

图 9-69

"段落"面板中其他各项参数的意义如下。

（1）左缩进。正值表示在左边文字框与文字之间拉开距离，负值表示左边文字框与文字之间的距离缩小（有可能文字会跑到文字框以外）。

（2）右缩进。正值表示在右边文字框与文字之间拉开距离，负值表示右边文字框与文字之间的距离缩小（有可能文字会跑到文字框以外）。

（3）首行左缩进。首行缩进两字符，一般设定为正值。

（4）段前/后间距。用来设定段落前后之间的距离。

（5）避头尾集。设置不能放在行首和行尾的字符，如图 9-70 所示。

（6）标点挤压集。控制标点符号是否可以放在行首，一般来说，中文标点符号避免放在行首，所以此选项须选中。

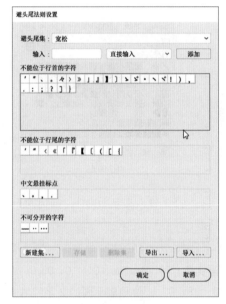

图 9-70

（7）连字。此选项是针对英文设置的。如果此复选框未被选中，当一个英文单词在一行不能放下时，这个单词自动移到下一行。如果选中复选框，单词隔开部位会出现连字符，表示单词未完成，下一行还有。

9.1.5　文本绕排

在 Adobe Illustrator 中制作的文件，在一般情况下都是图文并茂的文件，这时就很可能会用到文本绕图的功能。

（1）绘制一个图形，放在文字段落上面，然后使用选择工具将星形和文字块全部选中，在"对象"菜单下执行"文本绕排→建立"命令，文字就会围绕图形进行排列。执行"释放"命令则取消文字绕排，如图 9-71 所示。

图 9-71

（2）打开"文本绕排选项"对话框，可以设置"位移"数值，从而改变图形与文字之间的距离，如图 9-72 所示。

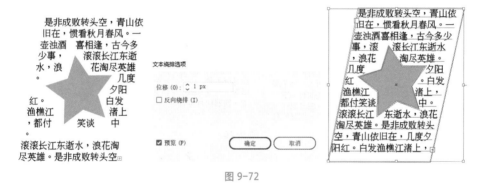

图 9-72

（3）在"文本绕排选项"对话框中，如果选中"反向绕排"复选框，则文字与图形的绕排方式会产生改变，如图 9-73 所示。

（4）还可以改变图形的大小、位置、数量，如图 9-74 所示。

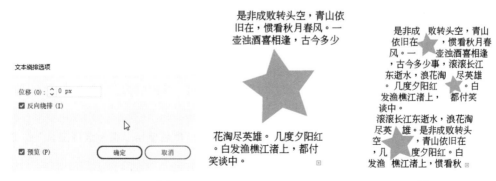

图 9-73   图 9-74

（5）不仅可以对图形进行文字绕排，一条开放的路径也可以使用这种效果，如对曲线进行绕排，并将其描边色设为无，会产生如图 9-75 所示的效果。

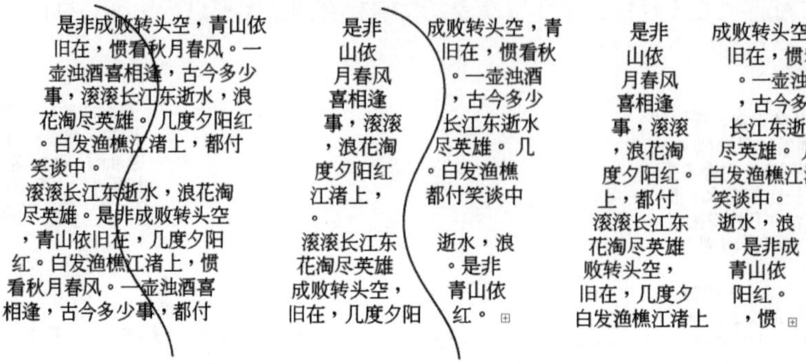

图 9-75

（6）还可以对其他软件制作完成的图片选择绕排命令，或者对图片制作蒙版，再选择绕排命令，则更生动，如图 9-76 所示。

图 9-76

9.1.6　文本变形

Illustrator 软件可以使用封套扭曲变形来改变文本的形状，从而创作出许多有趣的设计效果。"封套扭曲"变形有 3 种建立方式，分别为"用变形建立""用网格建立""用顶层对象建立"，如图 9-77 所示。

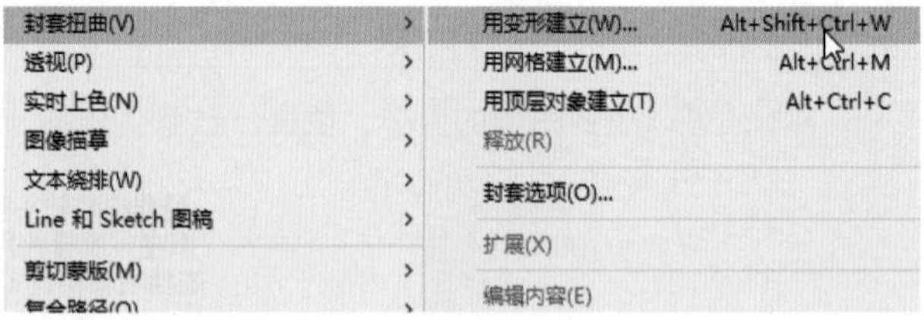

封套扭曲(V)	>	用变形建立(W)...	Alt+Shift+Ctrl+W
透视(P)	>	用网格建立(M)...	Alt+Ctrl+M
实时上色(N)	>	用顶层对象建立(T)	Alt+Ctrl+C
图像描摹	>	释放(R)	
文本绕排(W)	>	封套选项(O)...	
Line 和 Sketch 图稿	>	扩展(X)	
剪切蒙版(M)	>	编辑内容(E)	
复合路径(O)	>		

图 9-77

（1）用变形建立。共有 15 种样式，分别设置不同的参数，文字会相应产生很多变化，如"拱形""凹壳""鱼形""膨胀"等，如图 9-78 所示。

（2）用网格建立。首先对文字建立 4 行 4 列的网格，然后使用"直接选择工具"（ ▷ ）对锚点进行修改，最后产生效果如图 9-79 所示。

（3）用顶层对象建立。在使用此命令时，需要先创建一个图形对象，或者是一条路径，然后同时选中图形和文字，选择命令后的效果如图 9-80 所示。

用这个方法可以对英文字母进行设计，如图 9-81 所示。

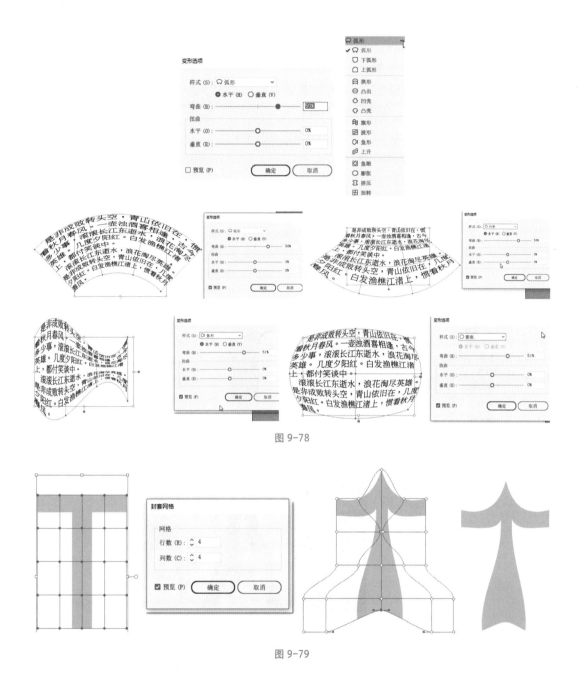

图 9-78

图 9-79

图 9-80

图 9-81

（4）封套选项。打开"封套选项"对话框，可以对封套的文字进一步设置，如图 9-82 所示。

（5）扩展。使用"直接选择工具"（ ⊳ ）对已经进行封套操作的文字进一步编辑，如图 9-83 所示。

（6）编辑内容。选择此项后，可以对封套内的文字进行编辑，如图 9-84 所示，将字母 T 改为 A。

图 9-82

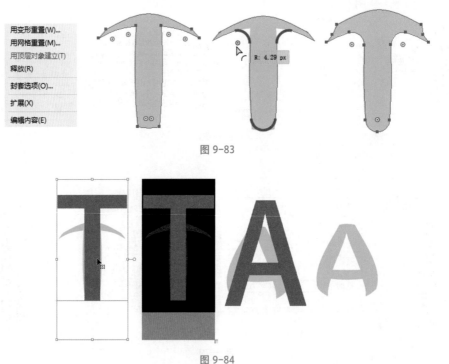

图 9-83

图 9-84

9.1.7　创建文本轮廓

文本可以转换为轮廓，也就是将文字转换为图形，这样可以对文字进行更多操作。选中文字后单击鼠标右键，在打开的快捷菜单中执行"创建轮廓"命令，或按 Shift+Ctrl+O 组合键，即可将文字转换为图形。此时可以用"直接选择工具"（ ⊳ ）对文字轮廓上的锚点进行编辑修改，如图 9-85 所示。

文本轮廓适用于标题等较大的文字，但是很少用于正文文本或其他小号的文字。

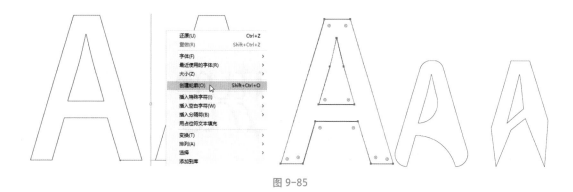

图 9-85

将文本转换为轮廓后，如果需要在其他计算机上打开 Illustrator 文件，则不存在没有相应字体而文件内容出现错误或被其他字体代替的现象。

注意，将文本转换为轮廓后，该文本将不可进行文本格式的编辑，如改变字体等。此外，位图文字和受轮廓保护的字体不能转换为轮廓，也不推荐将小于 10pt 的文本进行轮廓化。

9.2 字体设计案例

下面通过两个案例，设计与文字有关的海报。

9.2.1 《自然力量》文字海报

（1）输入文字 nature force，描边色为无，填充色设为"86、12、100、9"，如图 9-86 所示。

（2）将文字转换成轮廓后，用"直接选择工具"（▷）调整文字细节，如图 9-87 所示。

图 9-86 　　　　　　　　　　　　　　　　图 9-87

（3）将文字填充为线性渐变色"90、54、100、27""64、25、100、0""84、42、100、5"，角度设为 -90，如图 9-88 所示。

（4）使用"镜像工具"制作倒影，如图 9-89 所示。

图 9-88　　　　　　　　　　　　　　　　图 9-89

（5）执行"效果→扭曲和变换→自由扭曲"命令，如图 9-90 所示。

（6）选择倒影，在"透明度"面板中单击右上角的菜单，执行"建立不透明蒙版"命令，效果如图 9-91 所示。

自由扭曲

图 9-90

图 9-91

（7）单击不透明蒙版的缩览图，进入蒙版的编辑，然后在"渐变"面板中设置线性黑白渐变，最后使用"矩形工具"在倒影上绘制矩形，此时倒影产生渐隐效果，如图 9-92 所示。

图 9-92

（8）将文字的描边色改为"48、30、62、0"，宽度设为 0.12，用"10 点圆角"（将 7 点改为 10 点）画笔描边，效果如图 9-93 所示。

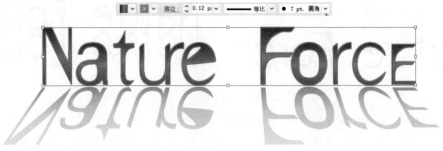

图 9-93

（9）执行"效果→风格化→投影"命令，参数设置和效果如图 9-94 所示。

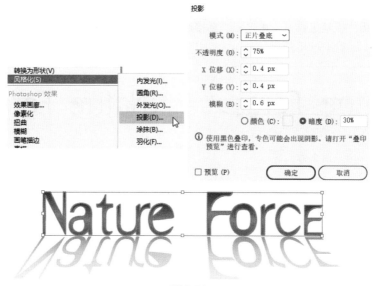

图 9-94

（10）打开"外观"面板，复制"投影"，如图 9-95 所示。

图 9-95

（11）将第一个投影的描边设置为白色，效果如图 9-96 所示。

图 9-96

（12）绘制圆角矩形，圆角半径为 70，描边宽度为 4，颜色为"64、25、100、0"，如图 9-97 所示。

（13）使用"钢笔工具"（）和"直接选择工具"（▷），将圆角矩形剪掉一截，使图形与文字更契合，如图 9-98 所示。

图 9-97

图 9-98

（14）选中圆角矩形，执行"对象→路径→轮廓化描边"命令，将描边转换为图形。在"图层"面板中，将圆角矩形和字母 N 与 E 同时选中，如图 9-99 所示。

（15）打开"路径查找器"面板，单击"联集"按钮，将 3 个图形融为一体，效果如图 9-100 所示。

图 9-99

图 9-100

（16）此时形成的图形失去了投影和白色描边效果，打开"图层"面板，将融合在一起的图形拖移到有投影和白色描边的编组中，效果如图 9-101 所示。

图 9-101

（17）打开"自然"符号库，选取适当符号进行修饰，如图 9-102 所示。

（18）绘制矩形，填充径向渐变色为"0、0、0、0""61、15、100、0"，并将其作为背景放到所有图形的最下面。最终效果如图 9-103 所示。

图 9-102

图 9-103

9.2.2 《Happy》文字海报

（1）执行"文字工具"命令，打开"字符"面板设置参数，描边为无，输入黑色文字 H，效果如图 9-104 所示。

（2）继续输入其他字母，适当调整字母的大小角度和字体。最后形成的画面效果如图 9-105 所示。

图 9-104

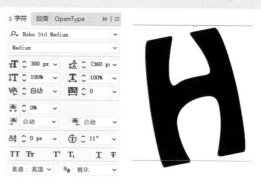

图 9-105

（3）将文字转为轮廓，使用"钢笔工具"（✍）和"直接选择工具"（▷）修改文字细节，使各字母的搭配更完美，如图 9-106 所示。

（4）改变文字颜色为"5、16、85、0"，如图 9-107 所示。

（5）创建字母的立体效果。选中字母 H，执行"效果→3D→凸出和斜角"命令，参数设置和效果如图 9-108 所示。

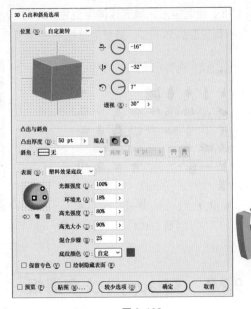

图 9-106　　　　　　图 9-107　　　　　　　　　　　　图 9-108

（6）给字母添加投影效果。执行"效果→风格化→投影"命令，参数设置和效果如图9-109所示。如果参数的单位不是毫米而是像素，可以打开"首选项"对话框更改单位，如图9-110所示。

图 9-109　　　　　　　　　　　　　　　　图 9-110

（7）给字母添加内发光效果。在图层中选择字母H，注意，选择不带立体效果的H，然后执行"效果→风格化→内发光"命令，参数设置和效果如图9-111所示。

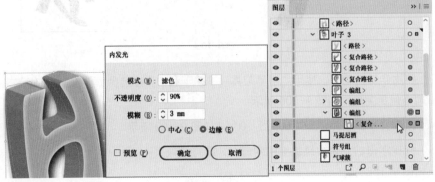

图 9-111

（8）选中字母 a，制作 3D 效果，参数设置和效果如图 9-112 所示。

（9）给字母 a 添加投影和内发光效果，并将其他字母按相同的方式制作出立体效果，如图 9-113 所示。

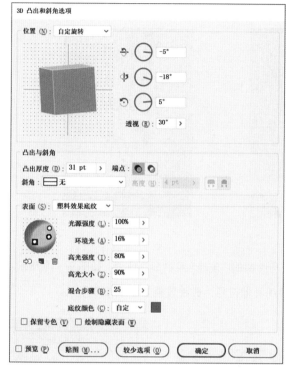

图 9-112

图 9-113

（10）使用"钢笔工具"（ ）将字母 H 的表面绘制出来，填充线性渐变色为"0、0、0、0""37、0、100、0"，效果如图 9-114 所示。

（11）将其他字母也按第（10）步的操作方法制作出表面图形，并分别填充渐变色"12、79、9、0""100、88、0、0""7、4、86、0""6、55、94、0"，效果如图 9-115 所示。

（12）绘制背景。使用"矩形工具"（ ）绘制与页面大小相同的矩形，填充为径向渐变色"0、23、2、0""44、100、17、0"，如图 9-116 所示。

图 9-114

图 9-115

图 9-116

（13）使用"椭圆工具"（ ⬭ ）绘制同心圆，描边为白色，宽度为 2pt，不透明度为 40%，将其作为背景花纹进行修饰，如图 9-117 所示。

（14）通过复制粘贴操作，并改变粗细和大小，得到更多的同心圆组，进一步修饰背景，如图 9-118 所示。

图 9-117　　　　　　　　　　　　　　　　图 9-118

（15）打开"符号"面板，选择"花朵"符号库中的"玫瑰"系列装饰画面，如图 9-119 所示。

（16）使用同样的方法，根据画面效果添加其他符号，最终效果如图 9-120 所示。

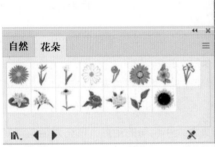

图 9-119　　　　　　　　　　　　　　　　图 9-120

Ai

第 10 章 ————

使用图层

10.1　图层简介

图层是一种管理复杂图稿内容的有效方式，它类似于没有厚度的透明赛璐珞片，可以按照顺序多层上下叠加。如果在不同图层中放入各种图形、文字、表格等内容，那么就可以通过图层结构有效地管理和单独编辑图稿各层次的内容，并且非常方便调整各种图层内容组合起来的效果。

在本章中，读者将按照下文内容，制作一张简单的插图。为了便于读者对照本书内容制作和查看效果，开始学习前，请确认 Adobe Illustrator 2020 已恢复到默认首选项。

（1）打开 Adobe Illustrator 2020。

（2）执行"编辑→首选项→常规"命令，单击"重置首选项"。

（3）执行"窗口→工作区→重置"命令。

"图层"面板介绍如下。

在默认的工作区显示状态下，"图层"面板位于 Illustrator 窗口的右侧边栏。在右侧边栏找到"图层"面板的 图标，单击可以将折叠的"图层"面板显示出来。如果"图层"面板被关闭的话，则可以执行"窗口→图层"命令将它重新打开，或者按 F7 键打开。

在"图层"面板中，可以新建、选择、锁定、隐藏、删除一个或多个图层，并可以随时查看图稿文件的图层结构，以及每一层的内容缩略图，如图 10-1 所示。

现在，在 Illustrator 2020 中打开指定的图稿文件。

（1）执行"文件→打开"命令。

（2）执行"视图→屏幕模式→带有菜单栏的全屏模式"命令，或 F 键切换视图窗口显示模式。

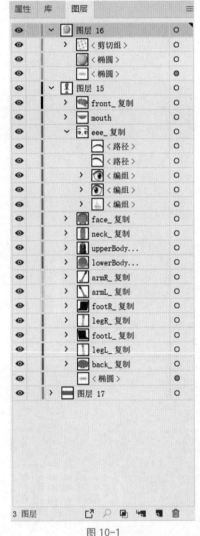

图 10-1

10.2　图层的创建和删除

图稿文件中的图层结构取决于用户设计图稿时的具体情况。在新建的文件中，默认只有一个父图层，所有内容都将被放在它之下，成为子图层，如图 10-2 所示。

用户可以随时创建新图层，在新图层中添加内容，或者将选择的内容移动到新建图层中，如图 10-3 所示。

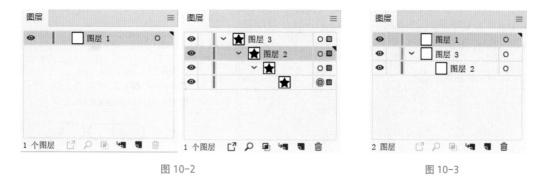

图 10-2   图 10-3

关于图层创建，涉及如下情况。

（1）单击"图层"面板底部的"创建新图层"按钮，会在当前选中的图层上创建一个新图层。

（2）单击"图层"面板底部的"创建新子图层"按钮，会在当前选中的图层之内创建一个新子图层。

> Tips:
> 如果要在创建新的图层或子图层时设置图层的属性，则需在"图层"面板右上角单击选择"新建图层"或"新建子图层"，这样会在新建图层或子图层时弹出图层设置对话框。同样的操作，也可以使用组合键实现，即按住 Alt 键单击"图层"面板下方的"新建图层"或"新建子图层"按钮。

（3）双击图层名称，可以修改图层的名称，名称中英文皆可。将新建图层命名为 Girl，如图 10-4 所示。

图 10-4

Tips：

在要修改名称的图层的缩略图上双击鼠标，也能弹出"图层选项"对话框，并可在其中修改图层名称，如图 10-5 所示。

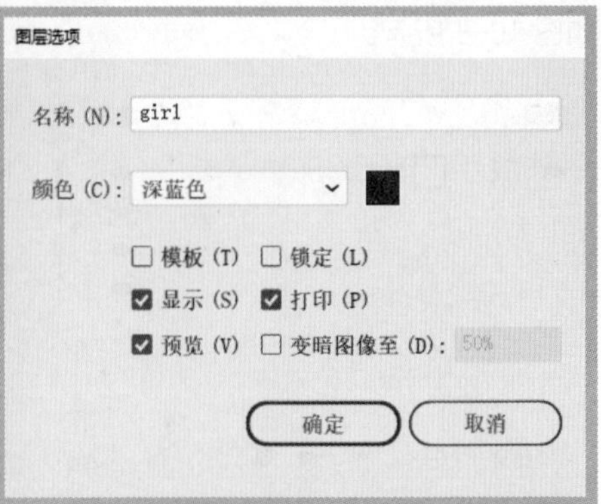

图层选项

名称 (N)：girl1

颜色 (C)：深蓝色

☐ 模板 (T)　☐ 锁定 (L)
☑ 显示 (S)　☑ 打印 (P)
☑ 预览 (V)　☐ 变暗图像至 (D)：50%

确定　　取消

图 10-5

（4）双击图层的缩略图，在弹出的"图层选项"对话框中，选择"颜色"下拉列表框中的蓝色，为选定图层、它的子图层，以及在窗口中选择的内容指定一种标签色，如图 10-6 所示。

图 10-6

Tips：

对于指定了不同标签色的图层，用户可以很方便地按选取内容的颜色，找出它所在的图层。在没有指定新建图层标签色的情况下，Illustrator 新建的图层会自动使用不同的标签色。

如果要删除图层，则选择要删除的一个或多个图层，单击"图层"面板下方的"删除图层"按钮即可。也可以将选中的图层直接用鼠标拖曳到"删除图层"按钮再松开，如图 10-7 所示。

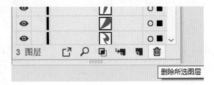

图 10-7

Tips:

选择单个图层进行删除，也可以使用"图层"面板右上方的菜单，执行删除所选图层命令，如图 10-8 所示。

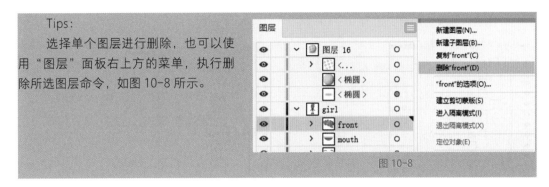

图 10-8

在删除图层时，图层所包含的子图层、组和对象都会被一起删除。

在窗口中选择图层内的一个或多个对象，按 Delete 键或 Backspace 键删除对象，并不会删除它们所在的图层。

10.3 查看图层

对于包含多个组和子图层的图层，可以用图层缩略图左侧的三角折叠符号展开或折叠其下子图层的显示，从而整理"图层"面板显示空间，如图 10-9 所示。

在"图层"面板中，可以通过可视性栏，选择显示或隐藏图层、子图层和各个对象。

单击图层左侧的可视性栏，就会隐藏该图层，再次单击图标，会重新显示图层。而按住鼠标左键直接拖过多个图层的可视性图标，将一次隐藏多个图层。

当选择图层内所有对象后，执行"对象→隐藏→所选对象"命令，可以隐藏图层内容。再执行"对象→显示全部"命令，可以将之前隐藏的图层内容重新显示出来。

Tips:

当图层处于隐藏状态时，无法对它的子图层单独进行显示或锁定操作。子图层虽然在"图层"面板中可以被选择、修改图层名称，但无法对其中的内容进行显示和操作。

选择"图层"面板右上角的菜单的最后一项"面板选项"，可打开"图层面板选项"对话框，如图 10-10 所示。

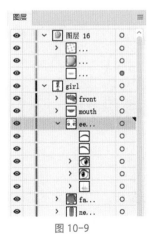

图 10-9

图 10-10

"图层"面板选项窗口如图 10-11 所示。

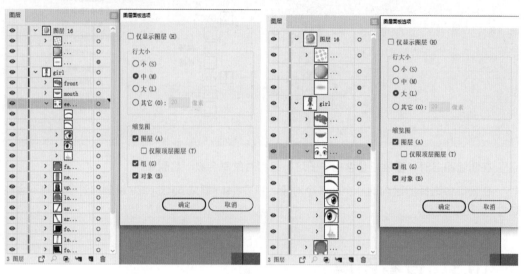

图 10-11

选择仅显示图层，则不在"图层"面板显示每个图层之下的子图层内容。如果放大图层缩略图的显示，可以将"行大小"调整为"大"或"其他"，并直接指定图层缩略图的大小。

> **Tips:**
> 如要指定图层缩略图的大小，则应选择 12 ~ 100 像素的数值。缩略图越大，在处理图层较多、内容较复杂的文件时，越会降低软件响应速度。

要以不同的效果查看图层时，可以双击图层缩略图，打开"图层选项"对话框。在这里，不只能在"名称"栏输入修改图层的名称，执行"颜色"命令也可以指定图层的标签颜色，还可以选中"模板"复选框使图层成为描摹图稿用的模板图层，默认选中的"预览"复选框则可以切换显示图层内图稿的内容或者轮廓线，如图 10-12 所示。

选择图层，并按住 Alt 键单击图层的可视性栏，可独立显示当前图层及其下的子图层内容，这将方便查看各图层包含的内容。

图 10-12

> **Tips:**
> 按 Alt 键独立显示图层的操作对子图层无效。

10.4 锁定图层

在编辑多层复杂的图稿文件时，为了防止对各层误操作，可以锁定不进行操作的图层。

选择图层，单击图层最左侧可视性栏相邻右侧的锁定切换栏，由于图层默认不锁定，所以单击一次，会将所选图层及其包含的组和子图层锁定，无法选择和编辑图层内的对象，但可以调整图层排列的顺序，如图 10-13 所示。

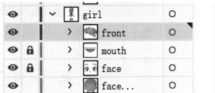 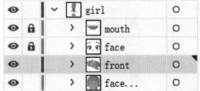

图 10-13

如果要锁定选择的图层之外的所有图层，则可以选择图层，然后在"图层"面板右上方执行"锁定其他图层"命令。或者选择图层内对象，然后执行"对象→锁定→其他图层"命令。

要解除对图层的锁定，只需要再次单击该图层的锁定，就可以切换解锁。

也可以执行"解锁所有图层"命令。或者选择图层内对象，然后执行"对象→全部解锁"命令。

10.5 图层的移动

在 Illustrator 和其他有图层功能的软件中，一般图层内容按照从上到下的顺序叠加排列。通过调整图层的顺序，可以改变不同图层的内容互相叠加遮挡的效果，如图 10-14 所示。

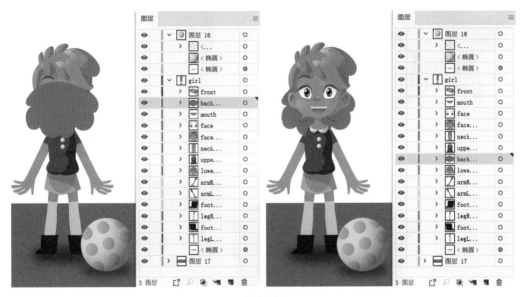

图 10-14

为了移动图层顺序，可以直接用鼠标拖曳图层上下移动，当移动到目标位置时，相邻图层有高亮显示，这时松开鼠标，则图层移动到高亮位置，如图 10-15 所示。

选择两个不同子图层的内容，按 Ctrl+G 组合键可以快速将它们编组，在图层内形成新的层级。再选择来自不同图层的子图层，直接拖动到组内图层之间，松开鼠标，将子图层加入组，如图 10-16 所示。

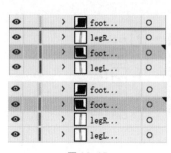

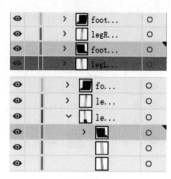

图 10-15 图 10-16

此外，还可以将图层或子图层包含的内容或具体某个选定对象移动到不同的图层。

在窗口中选择对象，再在"图层"面板中选择一个不同的图层或它的子图层，执行"对象→排列→发送至当前图层"命令。

或者在"图层"面板中将选择移动对象的图层右侧的内容指示器拖动到目标图层，也可以将图层内容移动到不同的图层。

将图层的多个对象按照堆叠顺序分别移动到上下排列的新图层中，可以使用"图层"面板右上方菜单里的"释放到图层（顺序）"或"释放到图层（累积）"命令。效果如图 10-17 所示。

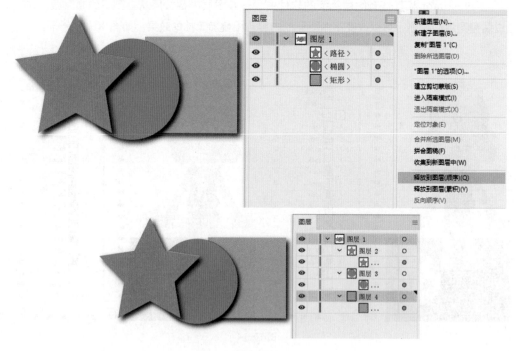

图 10-17

10.6　图层的复制与粘贴

在"图层"面板选择一个图层，或按 Shift 键选择多个图层，执行"图层"面板右上方菜单的"复制所选图层"命令，可以创建图层的副本，如图 10-18 所示。

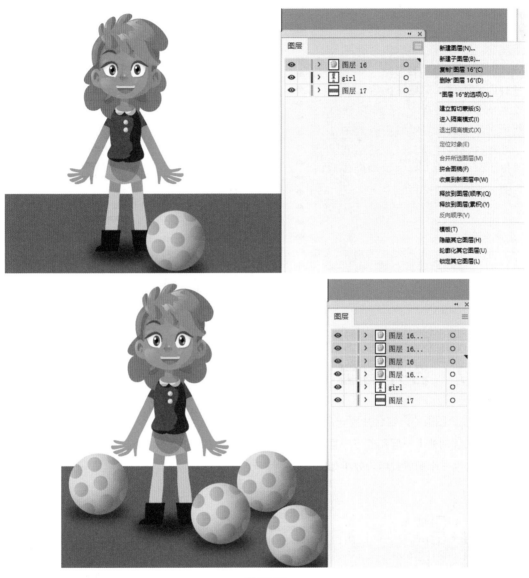

图 10-18

选择图层，将它直接拖曳到"图层"面板右下方的"新建图层"按钮上，也可以复制原图层及其所包含的子图层和组。

当要将一个图层或子图层所包含的内容复制粘贴到其他图层或其他图稿文件时，单击图层右侧的目标图标，然后执行"编辑→复制"命令即可。

选择要粘贴内容的目标文件或目标图层，执行"编辑→粘贴"命令，可以将原图层包含的内容粘贴到目标位置，如图 10-19 所示。

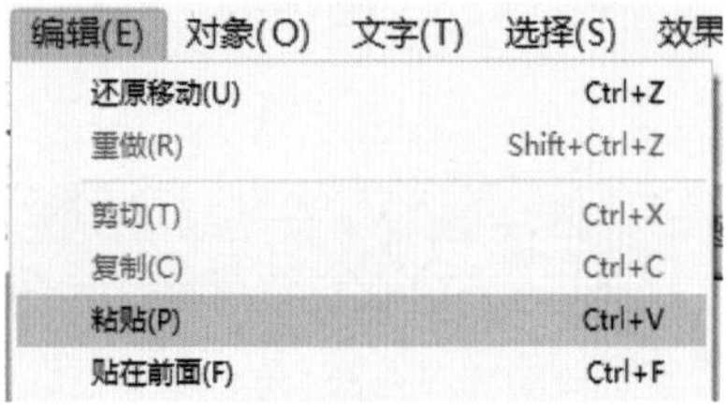

图 10-19

Tips:

　　如果复制时在"图层"面板右上角菜单中选中"粘贴时记住图层",则粘贴的图层内容会被放入图稿文件的同名图层,如果没有同名图层,则粘贴内容会被放入一个新建图层,并位于所有图层上方。如果复制时没有选中"粘贴时记住图层",则粘贴的图层内容会被放入当前选中的任意图层,如图10-20所示。

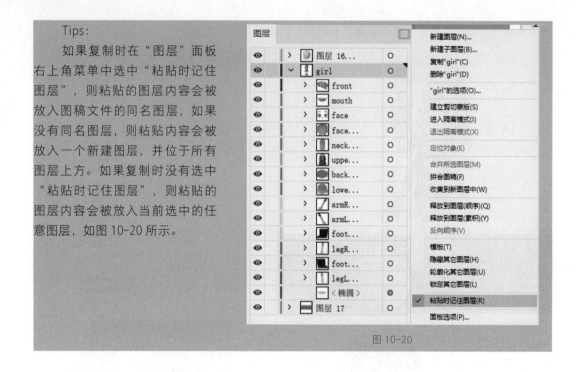

图 10-20

10.7　合并图层

　　要将多个图层的内容合并到一个图层中,就按Ctrl键依次选择单个图层,或按Shift键选择多个相邻图层的最上一层和最下一层,然后在"图层"面板右上方菜单执行"合并所选图层"命令,将它们合并为一个图层或组。效果如图10-21所示。

图 10-21

Tips:

　　图层或子图层只能与相同层级的图层或子图层合并。从窗口中选择的多个对象不能使用图层合并。

　　选择一个图层,执行"图层"面板右上方菜单中的"拼合图稿"命令,可以将图稿中所有可见的对象合并到这个选定图层。效果如图 10-22 所示。

图 10-22

10.8　定位图层

在"图层"面板中，图层名称右侧的用来指示目标的图标，当单击选中图层内对象时，它会呈现为双圈效果。

在窗口中选择一个对象，要定位它所属的图层时，可以单击"图层"面板下方的"定位对象"图标，如图 10-23 所示。

在窗口中选择对象，执行"图层"面板右上方菜单中的"定位对象"或"定位图层"命令，也可以快速定位到对象所在的图层。

图 10-23

10.9　剪切蒙版

通过选择两个或更多对象，或者一个组或图层中的所有对象来作为"剪切蒙版"和"被蒙版遮盖显示的图稿"组合，来以剪切蒙版的形状显示其他图稿的内容，叫作剪切组。

创建用作剪切蒙版的矢量对象，也被称为"剪贴路径"。

> Tips:
> 只有矢量对象可以作为剪贴路径，要用两个或更多对象创建剪贴路径，应先将它们编组。

将剪贴路径移动到要被蒙版的对象上方，两者互相重叠，而在图层顺序上，两者不必相邻。

选择剪切蒙版和被蒙版对象，再执行"对象→剪切蒙版→建立"命令。或者将剪贴路径所在的图层与被蒙版对象的图层或组上下排列，选择剪贴路径图层，在"图层"面板下方单击"建立 / 释放剪切蒙版"按钮，如图 10-24 所示。

建立剪切组之后，两个图层会被放入一个组，其中位于上层的是剪切蒙版，显示为不带填充色和描边色的透明对象。

要编辑剪切蒙版，在"图层"面板中选择剪切路径，或者选择剪切组，再执行"对象→剪切蒙版→编辑内容"命令，如图 10-25 所示。

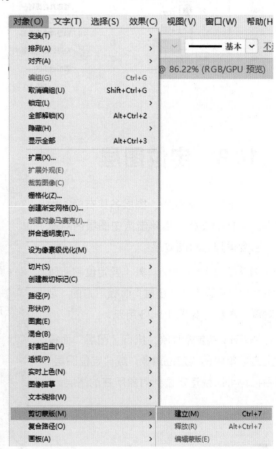

图 10-24　　　　　　　　　　　　　　　　图 10-25

使用"选择工具"移动、旋转或缩放剪贴路径，或修改剪贴路径的填充或描边。还可以使用"直接选择工具"修改剪贴路径的轮廓形状。

当被蒙版的图稿是一个组时，可以通过将对象或子图层拖入或拖出组来添加和删除被蒙版对象。

当要从剪切蒙版中释放对象时，可选择剪切组，然后执行"对象→剪切蒙版→释放"命令。或者选择剪切组的图层，单击"图层"面板底部的"建立 / 释放剪切蒙版"按钮。

10.10　应用外观属性

在"图层"面板中，对图层应用透明度、效果等外观属性时，该属性会应用于图层中的所有对象。但选定图层中一个对象应用外观属性时，则不会将外观属性应用到图层中的其他对象。

将效果应用到图层中的对象上，选择图层，然后执行"窗口→外观"命令，可打开"外观"面板。

单击"外观"面板左下方的"添加新效果"按钮，添加一种特效外观，如图 10-26 所示。

选择新增加的特效外观，再单击"外观"面板右下方的"添加新效果"按钮，添加一种特效。

要将这种外观属性移动到其他图层，选择并单击图层右侧的指示所选图标，拖移到目标图层，则外观属性被应用到目标图层，原图层不再拥有外观效果，如图 10-27 所示。

图 10-26

图 10-27

要将外观属性复制到其他图层，可按住 Alt 键并单击指示所选图标拖移到目标图层，则原图层和目标层都将应用同样的外观效果。

10.11　隔离图层

隔离模式可以让用户轻松地选择和编辑选定对象或对象的局部，自动锁定其他所有对象，无须锁定或隐藏其他图层内容。

在隔离模式中，隔离的对象会全色显示，而图稿的其余部分则变为灰色，"图层"面板中也只显示隔离的子图层或组中的图稿。直到退出隔离模式，其他图层和组才在"图层"面板中可见，如图 10-28 所示。

图 10-28

在"图层"面板中选择图层或子图层，然后选择"图层"面板右上方菜单里的"进入隔离模式"。要退出隔离模式，可以直接按 Esc 键。或者单击"退出隔离模式"按钮。由于单击一次后退一级，如果隔离的是一个图层中的子图层，则需要多次单击退出，如图 10-29 所示。

图 10-29

也可以在选择工具状态下，鼠标双击隔离模式中画面空白区域。或者右击，在弹出的快捷菜单中执行"退出隔离模式"命令。

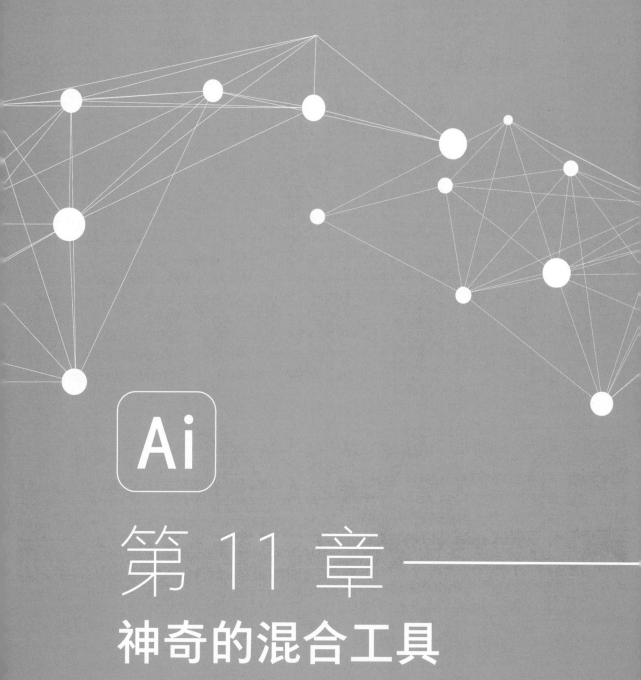

Ai

第 11 章 ——————

神奇的混合工具

混合工具可通过混合对象来创建形状，并在两个对象之间平均分布形状。也可以在两个开放路径之间进行混合，在对象之间创建平滑的过渡，或在特定对象形状中创建颜色过渡。从某种程度上说，混合工具是渐变工具（▮▮）的进一步延伸，它也为我们进行更加精细与标准的作图提供了重要的解决方案。

11.1　功能详解

使用混合工具的方法是双击工具箱中的混合工具（🖼️），在弹出混合选项的间距中，间距代表要添加到混合的步骤数，其下拉菜单中有 3 个选项，分别是平滑颜色、指定的步数和指定的距离。

平滑颜色是指 Illustrator 软件自动计算混合的步骤数。如果对象使用的是不同的颜色进行填色或描边，则计算出的步骤数将是为实现平滑颜色过渡而取的最佳步骤数。如果对象包含相同的颜色，或包含渐变图案，则步骤数将根据两对象定界框边缘之间的最长距离计算得出。如图 11-1 所示为将两个不同尺寸与颜色的云朵图形进行平滑颜色的混合，将会实现的效果。

指定的步数是指用来控制在混合开始与混合结束之间的步骤数。如图 11-2 所示，两个不同颜色的小星星之间，通过指定步数（8 步）即可完成图中的混合效果。混合后画面中一共有 10 颗小星星，它们彼此之间的间距相等，颜色从第 1 颗到第 10 颗实现了渐变效果。

指定的距离是指用来控制混合步骤之间的距离。指定的距离是指从一个对象边缘起到下一个对象相对应边缘之间的距离。

图 11-1

图 11-2

11.2　使用平滑颜色设计文字海报

（1）启动 Adobe Illustrator 软件，新建一个 A4 尺寸的文件。颜色模式为 CMYK，光栅效果为 300ppi。

（2）单击工具箱中的矩形工具（▮），在画板空白处单击，打开"矩形"对话框，将"宽度"设为 210mm，"高度"设为 297mm，如图 11-3 所示。单击"确定"按钮后就可以画出一个与画布一样尺寸的矩形。

（3）使用选择工具（▶）选中矩形，双击拾色器中的"填色"图标，在弹出的"拾色器"对话框的 # 位置处输入数值 EC6400，单击"确定"按钮，即可将矩形填充为预设的橘红色，如图 11-4 所示。

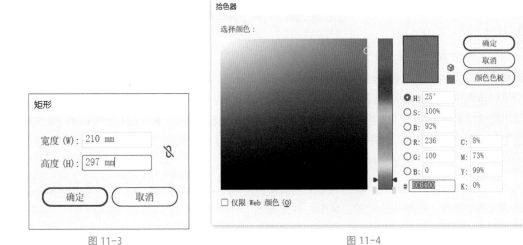

图 11-3   图 11-4

（4）如图 11-5 所示，将拾色器的"填色"设为白色，单击工具箱中的文字工具（**T**），输入英文字母"SEE YOU"，单击鼠标右键，在弹出的快捷菜单中执行"创建轮廓"命令，将文字转换成轮廓图形。再次单击鼠标右键，在弹出的快捷菜单中执行"取消编组"命令，将每一个字母拆分开。

（5）使用选择工具（▶），逐个调整每一个字母的位置与缩放比例，并在图稿中将它们重新排版，具体效果如图 11-6 所示。

图 11-5   图 11-6

（6）使用选择工具（▶）选中字母 S，按住 Alt 键将其向左上方拖动，复制出一个相同的图形。

单击工具箱中的吸管工具(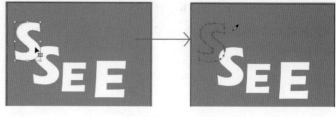),
吸取背景的橘红色,此时复制
的S图形的颜色和背景色一致,
它便消失在背景中,因此我们
在图稿中无法识别它的存在,
如图11-7所示。

图 11-7

（7）使用混合工具。前
文提到了混合工具可以对两个对象创建平滑的过渡,或在特定对象形状中创建颜色过渡,在这里
我们将创建两个S图形之间的颜色过渡。使用选择工具(▶)选中白色的S图形,单击鼠标右键,
在弹出的快捷菜单中执行"排列→置于顶层"命令,再使用选择工具(▶)同时选中两个S图形,
双击工具箱中的混合工具,打开"混合选项"对话框,如图11-8所示,在"间距"位置选择"平
滑颜色"选项,单击"确定"按钮。

（8）执行"对象→混合→建立"命令,创建两个图形之间的混合,使两个S图形实现从白
色到橘红色的渐变,呈现出生动的立体感,效果如图11-9所示。

（9）使用与上一步骤相同的方法,为其他剩余的字母创建混合效果,使文字的组合看起来
更加赏心悦目,具体画面效果如图11-10所示。在创建混合时,要注意不同字母之间高低错落
的节奏关系。使用选择工具(▶)可以选中一组混合对象,将其进行整体的拖动。使用直接选择
工具(▷)可以选中一组混合对象中单个的图形,以图11-11为例,拖动U图形至其他位置,
整个混合对象的形态也会随之发生变化。

图 11-8

图 11-9

图 11-10

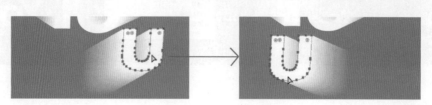

图 11-11

Tips:
释放混合对象：如果对已经做完的混合对象不满意，想要重新进行设置，可以释放该混合对象，以删除做完的混合对象并恢复原始对象。具体的操作方法为使用选择工具（▶）选中混合对象，执行"对象→混合→释放"命令。

（10）使用文字工具（T）输入英文字母"NEXT YEAR"，与之前设计好的"SEE YOU"形成呼应，然后输入日期。最后，调整字体的排版，一张主题为"SEE YOU NEXT YEAR"（明年见）的海报就设计完成了，海报效果如图 11-12 所示。

（11）执行"文件→存储为"命令，将图稿存储为 ai 格式的源文件，然后执行"文件→导出→导出为"命令，导出便于预览的 JPG 格式文件。

图 11-12

11.3　使用指定步数绘制森林动物插画

11.3.1　鹿插画

（1）启动 Adobe Illustrator 软件，新建一个 A4 尺寸的文件。颜色模式为 CMYK，光栅效果为 300ppi。

（2）绘制鹿的草图，主要以线条造型，如图 11-13 所示。在绘制草图时，线条要流畅，构图要精准，无须对鹿的五官的细节进行详细描绘，只需画出大体的轮廓即可。

（3）以草图作为参考，使用钢笔工具（✎）进行勾勒鹿的轮廓线。在绘图之前，双击拾色器中的"描边"图标，在弹出的"拾色器"对话框的 # 位置处输入数值 762F1D，设置深棕色的描边，这是符合鹿本身的颜色，如图 11-14 所示。双击拾色器中的"填色"图标，将其设置为"无"。下面使用钢笔工具（✎）进行勾线。

图 11-13

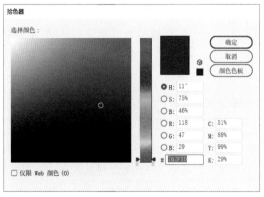

图 11-14

（4）绘图的顺序是从局部开始，逐渐向全局推进。在本图稿中，我们先从鹿的头部开始绘制。使用钢笔工具（🖊）绘制两条曲线组成鹿的头部，如图 11-15 所示，需要注意的是，这并不是一个闭合的路径，而是由两条开放的路径拼接在一起形成的，标记点 A 处和 B 处是断开的。前文已经提到，混合工具可以在两个开放路径之间进行混合，在对象之间创建平滑的过渡。

（5）使用选择工具（▶）同时选中两条路径，双击工具箱中的混合工具，打开"混合选项"对话框，如图 11-16 所示，在"间距"位置选择"指定的步数"选项，将其后数值设定为 30，单击"确定"按钮。

（6）执行"对象→混合→建立"命令，即可实现两条路径之间的混合，鹿的头部绘制完毕，效果如图 11-17 所示。

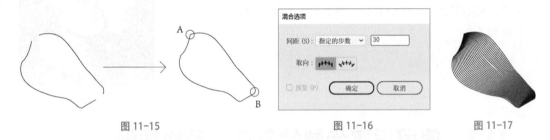

图 11-15　　　　　　　图 11-16　　　　　　　图 11-17

（7）使用钢笔工具（🖊）绘制鹿的躯体。鹿的躯体也是由两条开放的路径组成，如图 11-18 所示，图中两个红色圆圈标记的位置是断开的，此处的绘制方法与上一步骤所用方法是一致的。由此，我们可以掌握线稿绘制的技巧，即把鹿分割成不同的局部，每一个局部都只用两条路径来拼接。

图 11-18

（8）使用选择工具（▶）同时选中两条路径，双击工具箱中的混合工具，打开"混合选项"对话框，"间距"位置设为"指定的步数"，将其后数值设为 30，单击"确定"按钮。执行"对象→混合→建立"命令，即可实现两条路径之间的混合，鹿的躯体绘制完毕，效果如图 11-19 所示。

（9）使用与前面相同的方法，绘制鹿的 3 条腿，如图 11-20 所示，A、B、C 处所标记的 3 条腿，每一条腿都由两条路径拼接而成，图中 3 个红色圆圈标记的位置是断开的。

（10）使用选择工具（▶）分别选中构成每一条腿的两条路径，双击工具箱中的混合工具，打开"混合选项"对话框，"间距"位置设为"指定的步数"，将其后数值设定为 20，单击"确定"按钮。执行"对象→混合→建立"命令，即可完成 3 条腿的绘制，效果如图 11-21 所示。

图 11-19   图 11-20

（11）使用钢笔工具（✐）绘制鹿的其他部位，如双角、耳朵与尾巴，切记每一个小的局部都是由两条开放的路径拼接而成的，如图 11-22 所示，红色圆圈所标记的区域是断开的。

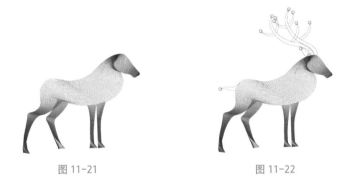

图 11-21   图 11-22

（12）使用与之前操作同样的方法建立混合。整只鹿绘制完成的效果如图 11-23 所示。

Tips:
关于"指定的步数"的数值设定，当两条路径之间的距离越长时，此处数值设定越大；反之，当两条路径之间的距离越短时，此处数值设定越小。按此规律设定数值，可以让不同的路径或形状之间呈现出合理的疏密关系。

（13）使用选择工具（▶）对整只鹿的图形进行全选，按 Ctrl+G 组合键，将全部图形进行编组。使用选择工具（▶）选中编组图形，按住 Alt 键，向右方拖动鼠标进行复制。然后将复制的鹿进行等比缩小，得到一只小鹿。此时，画面中共有一大一小两只鹿的形象，调整两只鹿的位置，在图稿中输入文字，进行图文排版，最终完成整幅插画的绘制，效果如图 11-24 所示。

图 11-23   图 11-24

（14）执行"文件→存储为"命令，将图稿存储为 ai 格式的源文件，然后执行"文件→导出→导出为"命令，导出便于预览的 JPG 格式文件。

11.3.2　大象插画

有了之前绘制鹿的经验，我们对混合工具的特性有了初步的了解，对于新知识的输入而言，需要在多次实践中具备举一反三的能力。接下来，以同样的方法绘制其他森林动物，我们将一起学习大象的绘制。

（1）启动 Adobe Illustrator 软件，新建一个 A4 尺寸的文件。颜色模式为 CMYK，光栅效果为 300ppi。

（2）双击拾色器中的"填色"图标，将其设置为"无"。双击拾色器中的"描边"图标，将其颜色设置成浅灰色，然后可以使用钢笔工具（✐）进行勾线。

（3）绘制大象的草图，主要以线条造型，如图 11-25 所示。在绘制草图时，线条要流畅，构图要精准，无须对大象的五官细节进行详细描绘，只需画出大体的轮廓即可。从图 11-25 中可以看出，大象被拆分成 3 个局部，每个局部用两条同色的路径进行混合。粉色线代表大象的躯体，蓝色线代表大象的耳朵，绿色线代表大象的尾巴。

图 11-25

> Tips:
> 在上一节鹿的草图绘制阶段，虽然每一个局部都由两条开放的路径拼接而成，但拼接后看起来像是闭合的路径。但在本图的绘制中并非全部如此，大象的躯体的两条路径拼在一起看起来并没有闭合的效果，使用混合工具进行混合之后，生成的线条形状会更加简约。至于如何绘制路径，大家需要在实践中积累经验。

（4）使用混合工具绘制大象的躯体。使用选择工具（▶）同时选中图 11-25 中两条粉色路径，双击工具箱中的混合工具，打开"混合选项"对话框，在"间距"位置选择"指定的步数"选项，将其后数值设为 40，单击"确定"按钮。

（5）执行"对象→混合→建立"命令，即可实现两条路径之间的混合，大象的躯体绘制完毕，效果如图 11-26 所示。

（6）使用混合工具绘制大象的耳朵。使用选择工具（▶）同时选中图 11-25 中两条蓝色路径，双击工具箱中的混合工具，打开"混合选项"对话框，在"间距"位置选择"指定的步数"选项，将其后数值设为 40，单击"确定"按钮。

（7）执行"对象→混合→建立"命令，即可实现两条路径之间的混合，大象的耳朵绘制完毕，效果如图 11-27 所示。

（8）使用混合工具绘制大象的尾巴。使用选择工具（▶）同时选中图 11-25 中两条绿色路径，双击工具箱中的混合工具，打开"混合选项"对话框，在"间距"位置选择"指定的步数"选项，将其后数值设为 10，单击"确定"按钮。

（9）执行"对象→混合→建立"命令，即可实现两条路径之间的混合，大象的尾巴绘制完毕，效果如图 11-28 所示。

图 11-26　　　　　　　　图 11-27　　　　　　　　图 11-28

（10）使用选择工具（▶）对大象的图形进行全选，按 Ctrl+G 组合键，将全部图形进行编组。使用选择工具（▶）选中编组图形，按住 Alt 键，向左方拖动鼠标进行复制。然后将复制的图形进行等比缩小，得到一只小象，效果如图 11-29 所示。

（11）使用选择工具（▶）选中小象，单击鼠标右键，在弹出的快捷菜单中执行"变换→镜像"命令，打开"镜像"对话框，如图 11-30 所示，将"轴"设为"垂直"，"角度"设为 90°，单击"确定"按钮，即可将小象进行水平翻转。最后，调整两只象的位置，在图稿中输入文字，进行图文排版，最终完成整幅插画的绘制，效果如图 11-31 所示。

图 11-29　　　　　　　　图 11-30　　　　　　　　图 11-31

（12）执行"文件→存储为"命令，将图稿存储为 ai 格式的源文件，然后执行"文件→导出→导出为"命令，导出便于预览的 JPG 格式文件。

11.4　使用指定的距离设计海报

（1）启动 Adobe Illustrator 软件，新建一个 A4 尺寸的文件。具体参数如图 11-32 所示，颜色模式为 CMYK，光栅效果为 300ppi。注意，在这里"方向"选择"横向"，在默认情况下，建立 A4 尺寸文件时方向是竖向的。

图 11-32

（2）在拾色器中将"填充"颜色设为黑色，将"描边"颜色设为"无"。使用工具箱中的椭圆工具（●），单击画板空白区域，在弹出的"椭圆"对话框中将"宽度"和"高度"都设置为 6mm，如图 11-33 所示，这样就能画出一个直径为 6mm 的黑色圆形。使用同样的方法，继续绘制一个直径为 60mm 的黑色圆形，现在画板上出现了两个尺寸不同的黑色圆形，如图 11-34 所示。

图 11-33   图 11-34

（3）接下来，分别给这两个圆形添加渐变颜色。使用选择工具（▶）选中小的圆形，双击工具箱中的渐变工具（▣），打开"渐变"面板，如图 11-35 所示，将"类型"设为线性渐变，在渐变滑块位置调整左端起点与右端终点的色标颜色，设置从黄色到紫色的线性渐变。左端起点色标的黄色数值为"C=0 M=52 Y=100 K=0"，右端终点色标的紫色数值为"C=27 M=100 Y=0 K=0"。

（4）使用选择工具（▶）选中大的圆形，双击工具箱中的渐变工具（▣），打开"渐变"

面板，如图 11-36 所示，将 "类型" 设为线性渐变，在渐变滑块位置调整左端起点与右端终点的色标颜色，设置从黄色到橙色的线性渐变。左端起点色标的黄色数值为 "C=5 M=0 Y=90 K=0"，右端终点色标的橙色数值为 "C=0 M=70 Y=85 K=0"。

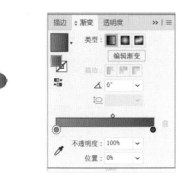

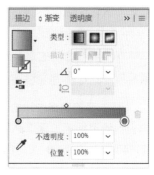

图 11-35

图 11-36

（5）此时，两个圆形都已经完成了线性渐变的颜色填充，颜色看起来非常鲜艳，效果如图 11-37 所示。

（6）使用混合工具建立混合。首先，使用选择工具（▶）选中两个圆形，双击工具箱中的混合工具，打开 "混合选项" 对话框，如图 11-38 所示，将 "间距" 设为 "指定的距离"，其后数值设置为 1mm，单击 "确定" 按钮。

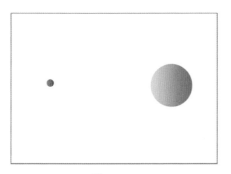

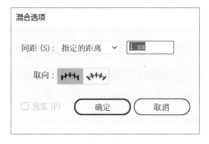

图 11-37

图 11-38

（7）执行 "对象→混合→建立" 命令，即可实现两个圆形之间的混合，画面看起来好像一道立体的光柱，效果如图 11-39 所示。

（8）接下来将会用到 "替换混合轴" 的技巧，混合轴是混合对象中各步骤对齐的路径。默认情况下，混合轴会形成一条直线，正如图 11-39 所示的那样。要使用其他路径替换混合轴，则需要绘制一个对象以用作新的混合轴。

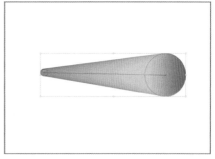

图 11-39

（9）绘制新的路径作为新的混合轴。为了使绘制的路径更加精准，我们需要提前设定参考线，执行 "视图→标尺→显示标尺" 命令，可以打开标尺。使用选择工具（▶）单击 Y 轴的标尺，按住 Shift 键，从左向右拖出一条参考线，将其放置在 20cm 处。继续从左向右拖出 3 条参考线，分别放置在 60cm、120cm、200cm 处。然后使用选择工具（▶）单击 X 轴的标尺，按住 Shift 键，从上向下拖出一条参考线，位置随意。这样画板中就出现了 4 条竖向的参考线和一条横向的参考线，这 5 条参考线在 A、B、C、D 所标记的位置形成了 4 个交点，具体画面如图 11-40 所示。

> Tips：
> Y 轴参考线之间的距离设定成 0cm、20cm、60cm、120cm、200cm，这是一个等差序列，为之后绘制具有透视效果的曲线作精确的参考。

（10）在拾色器中双击"填色"图标，将其设为"无"，双击"描边"图标，将其颜色设为黑色。使用钢笔工具（✎）从横向参考线起始位置开始绘制曲线，注意，绘制的曲线要穿过图 11-40 所示的 A、B、C、D 这 4 个交点，如图 11-41 所示。

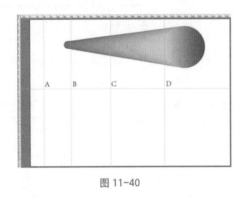
图 11-40

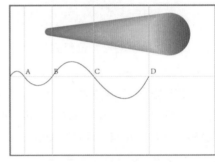
图 11-41

（11）在画板空白区域单击鼠标右键，在弹出的快捷菜单中执行"隐藏参考线"命令，将参考线全部隐藏。

（12）使用选择工具（▶）选中钢笔工具（✎）绘制的曲线路径和之前做完混合效果的图形，执行"对象→混合→替换混合轴"命令，即可完成混合轴的替换，此时一个立体的 3D 效果的图形就绘制完毕了，效果如图 11-42 所示。在这一步的操作中，曲线路径就是新的混合轴，它替换掉原图形中的直线混合轴。

（13）使用直接选择工具（▷）可选中图形右侧大一些的圆形，再单击选择工具（▶），可以将其角度进行旋转，此时整个图形的渐变颜色都会随之改变，旋转角度以自己偏好为准，如图 11-43 所示。

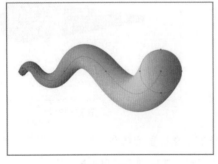
图 11-42

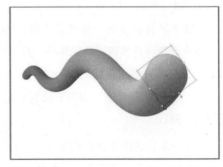
图 11-43

（14）在立体图形下方绘制投影。使用钢笔工具（✏）绘制一个椭圆形，双击工具箱中的渐变工具（▦），打开"渐变"面板，将"类型"设为"径向渐变"，在渐变滑块区设置从黑色向白色的渐变，效果如图 11-44 所示。

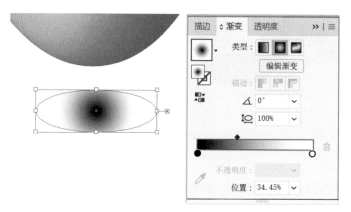

图 11-44

（15）在顶部导航栏单击"不透明度"，将"混合模式"设为"正片叠底"，将"不透明度"设为 70%，如图 11-45 所示。使用选择工具（▶）选中该椭圆形，将其进行缩放，最终形成阴影的效果，如图 11-46 所示。

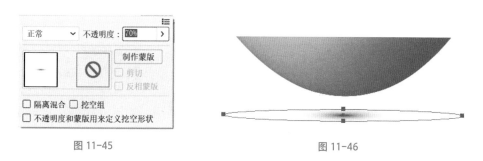

图 11-45   图 11-46

（16）使用选择工具（▶）选中画好的阴影，按住 Shift 键，向左拖动进行复制，一共复制两个阴影，将复制后的阴影放置到适合的位置，如图 11-47 所示，调整 3 个阴影的尺寸，根据透视原理，3 个阴影的尺寸从左向右逐渐变大。

（17）使用矩形工具（▦）绘制一个与画板尺寸一致的矩形作为背景。使用选择工具（▶）选中矩形，双击工具箱中的渐变工具（▦），打开"渐变"面板，如图 11-48 所示，将渐变类型设为"线性渐变"，在渐变滑块区域设置从紫色向蓝色的渐变，渐变滑块左侧起始位置的紫色色标数值为"C=55 M=100 Y=8 K=0"，右侧终点位置的蓝色色标数值为"C=85 M=40 Y=5 K=0"。

（18）当参数设置完毕后，从左上方向右下方单击并拖动鼠标，可以实现线性渐变填充。如果对当前渐变效果不满意，则可以重复上一步操作，拉杆的方向与长度，都会作用于渐变的效果，如图 11-49 所示。

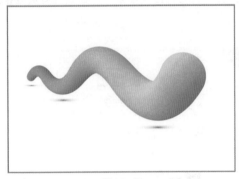

图 11-47

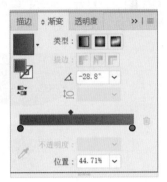

图 11-48

Tips:

从画面中可以看到，立体图形的色彩包含黄色和橙色，背景图的色彩包含蓝色和紫色。在色相环中，成 180°角的两种颜色成为互补色，黄色与紫色，橙色与蓝色，这两组颜色都是互补色，它的特点是对比非常强烈，比较有视觉冲击力。因此，我们在此图稿中的配色是遵循色彩规律的。

（19）使用文字工具（T）输入一些文案，文字部分使用白色。进行简单的图文排版后，海报就完成了，效果如图 11-50 所示。

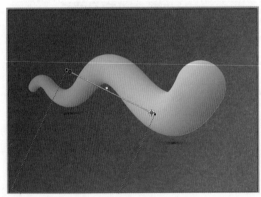

图 11-49

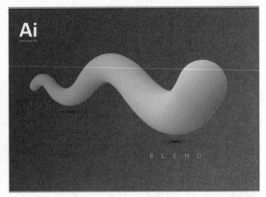

图 11-50

（20）执行"文件→存储为"命令，将图稿存储为 ai 格式的源文件，然后执行"文件→导出→导出为"命令，导出便于预览的 JPG 格式文件。

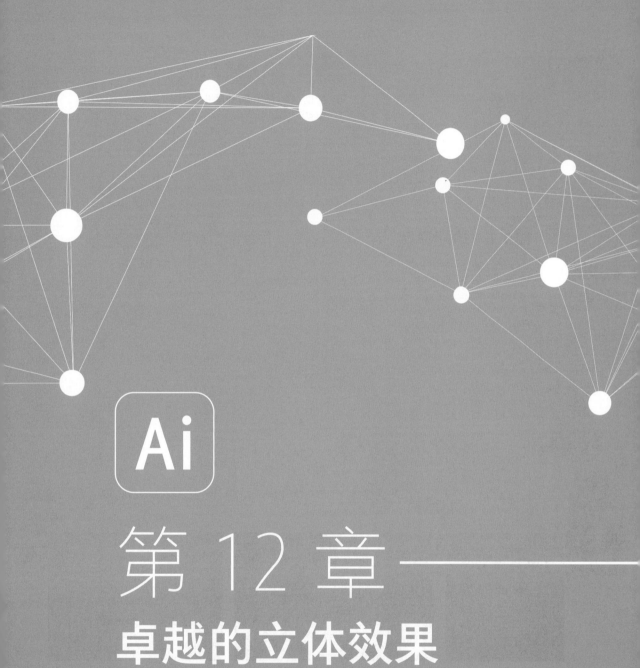

Ai

第12章 ———————
卓越的立体效果

在设计工作中，我们经常需要绘制具有透视感的物体。所谓"透视"（perspective），指的是在平面或曲面上描绘物体的空间关系的方法或技术。透视学，即在平面上再现空间感、立体感的方法及相关的科学。

在 Illustrator 软件中，有很多功能可以帮助我们在平面空间中营造出卓越的立体效果。如果我们熟练掌握了这些功能，就可以高效地胜任此类设计工作。

12.1　使用透视网格绘制立体建筑

12.1.1　功能详解

在 Illustrator 软件中，我们可以使用既有的透视网格功能，在透视模式中轻松地绘制图稿。透视网格工具可以帮助我们在平面上呈现立体场景，其透视效果就像肉眼所见的那样自然。

透视网格工具具有如下功能。

（1）在文档中编辑一个、两个或 3 个消失点透视。

（2）互动控制不同的透视定义参数。

（3）在透视中直接创建对象。

（4）将现有对象置入透视中。

（5）在透视中变换对象（移动和缩放对象）。

（6）沿垂直平面移动或复制对象（垂直移动）。

（7）使用真实世界的度量单位，在透视中定义真实的工作对象并绘制对象。

渐变网格工具提供了 3 种透视预设，分别是一点透视、两点透视和三点透视，如图 12-1 所示。

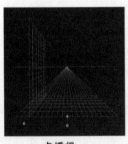
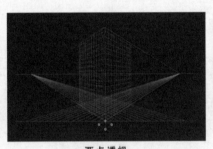

一点透视　　　　　两点透视　　　　　三点透视

图 12-1

一点透视在透视制图中的运用最为普遍。以建筑物为例，它有一个方向的立面平行于画面，故又称平行透视。两点透视又称为成角透视，由于在透视的结构中，有两个透视消失点，因而得名。三点透视一般用于绘制超高层建筑、俯瞰图或仰视图。关于这种透视的形态，可参考图 12-1。

在工具箱中的透视网格工具上单击鼠标左键保持不动，可弹出下拉菜单，在下拉菜单中有两个与透视相关的工具，分别是"透视网格工具"和"透视选区工具"，如图 12-2 所示。透视

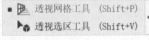

　透视网格工具（Shift+P）
　透视选区工具（Shift+V）

图 12-2

网格工具可以显示并修改透视网格,透视选区工具则可以在透视中选择、移动或缩放对象,并且在使用过程中遵循透视的规律。

图 12-3

除了预设的透视网格,我们还可以通过执行"视图→透视网格→定义网格"命令来定义透视网格。在"定义透视网格"的选项面板中,我们可以设置透视的"类型""单位""缩放""视角""视距""水平高度""网格颜色和不透明度"等关键信息,如图 12-3 所示。此外,我们还可以将定义好的透视网格存储为预设。

使用透视网格的方法是单击工具箱中的透视网格工具。在默认情况下,在画板界面会出现两点透视的网格预设,如图 12-4 所示。中间红线位置代表的是地平线,两点透视的图形在地平线的左右两端有两个消失点。

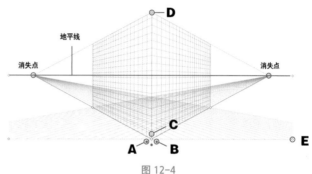

图 12-4

Tips:

如果想要使用一点透视和三点透视的网格预设,可分别执行"视图→透视网格→一点透视→一点 - 正常视图"命令,以及执行"视图→透视网格→三点透视→三点 - 正常视图"命令。

沿水平方向拖动图中 A 点位置可以调整右侧橙色网格平面,拖动图中 B 点位置则可以调整左侧蓝色网格平面。

图中 C 点位置是网格单元格大小构件,沿垂直方向上下拖动该构件,可以增大或缩小网格单元格大小。将鼠标移向网格单元格大小构件时,指针会变为▶□。

Tips:

当增大网格单元格尺寸时,网格单元格数量将减少。

图中 D 点是调整垂直网格范围的控件,沿垂直方向拖动该点,可增大或减小垂直网格范围。

拖动图中 E 点,可以随意将整个透视网格进行移动。

以上便是透视网格的功能详解,接下来我们将在实战中一起学习透视网格的使用技巧。

12.1.2 绘制过程

(1)启动 Adobe Illustrator 软件,新建一个长 200mm、宽 200mm 的正方形文件。文件名命名为"立体建筑"，颜色模式为 RGB，光栅效果为 300ppi，如图 12-5 所示。

图 12-5

（2）单击工具箱中的透视网格工具，在默认情况下，在画板界面会出现两点透视的网格预设，如图 12-6 所示，在画板的旁边有一个正方体的图标，展示了左方、右方与下方 3 个面。单击左面，能看到蓝色的面，它控制着画板中蓝色线条组成的左方图形。同理，如果单击正方体图标中的右面，能看到橙色的面，它控制着画板中橙色线条所组成的右方图形。如果单击正方体图标中的下面，则能看到绿色的面，它控制着画板中绿色线条所组成的下方图形。

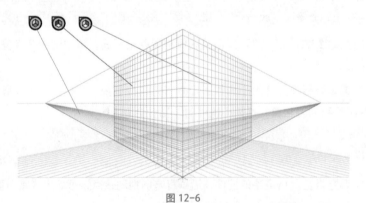

图 12-6

（3）如图 12-7 所示，单击图中 A 点，这是网格单元格大小构件，将鼠标移向网格单元格大小构件时，指针会变为 ▶□。沿垂直方向上拖动该点，可以增大网格单元格尺寸，当单元格尺寸增大时，其数量就会随之减少。

（4）经过调整，实现如图 12-8 所示的效果。此时透视网格的属性就确定了，我们将以此为参考线进行图形的绘制。

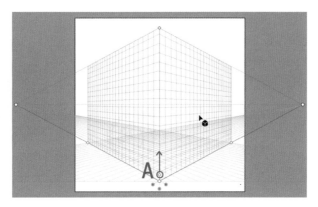

图 12-7

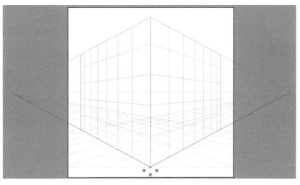

图 12-8

（5）在拾色器中，将"填色"设置为深棕色，将"描边"设为"无"。使用工具箱中的矩形工具（▨）在左侧蓝色线条编织的图形内绘制图形，本来画出的应该是矩形，但在透视网格中，矩形因为透视的关系而变成了梯形，效果如图 12-9 所示。

（6）继续使用矩形工具（▨）在上方画出高低不平的墙头，也就是说，在最上层画出 4 个有间隔的正方形，这些正方形由于透视的关系，变成了平行四边形，效果如图 12-10 所示。

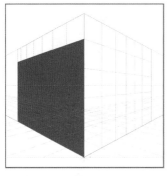

图 12-9

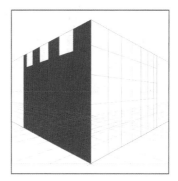

图 12-10

（7）单击透视网格工具，如图 12-11 所示，在立方体的图标中单击立方体的右侧面，该面会变成橙色，此时可以在画板中橙色线条编织的区域内进行绘画。

（8）在拾色器中将"填色"设为浅棕色，将"描边"设为"无"。使用工具箱中的矩形工具（ ■ ）在右侧橙色线条编织的图形内绘制与左侧对称的图形，效果如图 12-12 所示。

（9）使用矩形工具（ ■ ）在图 12-12 所标记的 A、B、C 的位置分别画出 3 个具有透视的图形作为墙头的侧面，然后将这 3 个图形选中，单击鼠标右键，

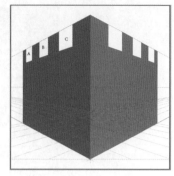

图 12-11　　　　　　　　图 12-12

在弹出的快捷菜单中执行"排列→置于底层"命令，将它们置于图稿底层，最终画面效果如图 12-13 所示。

图 12-13

（10）单击透视网格工具，如图 12-14 所示，在立方体的图标中单击立方体的左侧面，该面会变成蓝色，此时可以在画板中蓝色线条编织的区域内进行绘画。

（11）使用与步骤（9）同样的方法，将右侧桥头的侧面图形绘制出来，然后将它们置于图稿的底层。此时一个左右对称的具有两点透视的建筑外形就搭建完毕了，画面效果如图 12-15 所示。

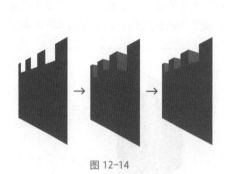
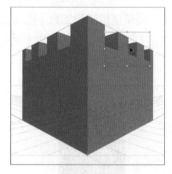

图 12-14　　　　　　　　图 12-15

（12）使用 Shift+Ctrl+I 组合键，可以快速隐藏透视网格，此时使用形状工具绘图就不再带有透视效果。使用矩形工具（ ■ ）绘制一个矩形，当使用选择工具（ ▶ ）选中矩形时，矩形四角内侧会出现 4 个小圆环，拖动小圆环可以将直角转换成圆角。使用直接选择工具（ ▷ ）同时选中顶部两个小圆环，将其向下拖动，可将矩形顶部的两个直角转换为一条弧线，最终让矩形变成一座拱门的形状，如图 12-16 所示。

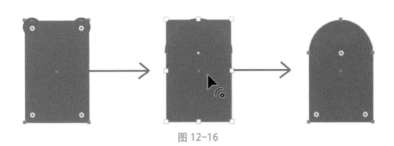

图 12-16

（13）使用 Shift+P 组合键快速打开透视网格，如图 12-17
所示，使用工具箱中的"透视选区工具"选中画好的拱门图形，
将其拖动到画板蓝色线条所编织的透视区域，该图形会立即呈
现出透视效果。单击并拖动图形周围的锚点，可调整其位置与
大小，然后将图形颜色设为比建筑更深的棕色。调整后的拱门
置于建筑左侧墙面的居中位置，画面效果如图 12-18 所示。

图 12-17

（14）使用选择工具（▶）选中拱门图形，按住 Alt 键，
单击并拖动该图形向右侧复制。执行"窗口→路径查找器"命令，
打开"路径查找器"面板。使用选择工具（▶）选中两个拱门图形，
单击"路径查找器"面板中的"分割"图标，将两个图形进行分割，
如图 12-19 所示。

（15）如图 12-20 所示，使用直接选择工具（▷）选中拱
门最右侧被分割的图形，按 Delete　键将其删除，选中拱门图

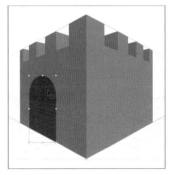

图 12-18

形最左侧被分割的图形，双击拾色器的"填色"图标为其变换颜色，使其颜色为浅棕色。这样，
建筑左侧的门就绘制完毕了，画面效果如图 12-21 所示。

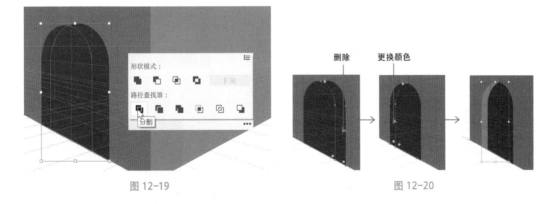

图 12-19　　　　　　　　　　　　　　　　　　图 12-20

（16）使用之前绘制拱门同样的方法，在建筑的右侧绘制两座拱门，这两座拱门要比左侧
的低一些。画面效果如图 12-22 所示。

（17）使用 Shift+Ctrl+I 组合键快速关闭透视网格。使用矩形工具（▣）绘制一个灰色矩形，
使用文字工具（T）输入文字"立体建筑"，使用对齐工具将文字与灰色矩形进行居中对齐，然
后将两个图形进行编组。这样就将牌匾绘制完成了，效果如图 12-23 所示。

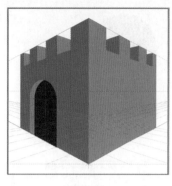

图 12-21

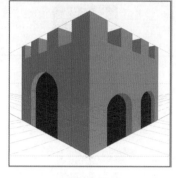

图 12-22

图 12-23

（18）单击透视网格工具，在立方体的图标中单击立方体的右侧面，该面会变成橙色。使用工具箱中的透视选区工具将步骤（17）绘制的牌匾拖入建筑右侧由橙色线条编织的区域中，调整牌匾的位置，将其放在两座拱门的上方，画面效果如图 12-24 所示。

（19）单击透视网格工具，如图 12-25 所示，在立方体的图标中单击立方体的下侧面，该面会变成绿色，此时可以在画板中绿色线条编织的区域内进行绘画。

（20）使用矩形工具（▦）绘制地面和台阶，画面效果如图 12-26 所示。至此，立体建筑的图形绘制完毕。

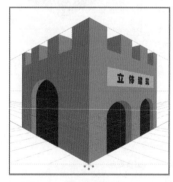

图 12-24

图 12-25

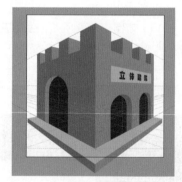

图 12-26

（21）使用 Shift+Ctrl+I 组合键快速关闭透视网格。使用 Ctrl+A 组合键将画板的全部图形进行选中，单击鼠标右键，在弹出的快捷菜单中执行"编组"命令，然后将其进行等比缩小。使用矩形工具（▦）绘制一个与背景等大的矩形，将其颜色设置成与拱门颜色一致的深棕色。使用对齐工具，将编组后的建筑图形与背景图进行居中对齐。至此，"立体建筑"插画绘制完毕，画面效果如图 12-27 所示。

（22）执行"文件→存储为"命令，将图稿存储为 ai 格式的源文件，然后执行"文件→导出→导出为"命令，导出便于预览的 JPG 格式文件。

图 12-27

12.2　使用混合工具绘制有空间感的文字海报

我们在第 11 章已经学习了混合工具使用的技巧，如果想要在画面中实现立体效果，则不要忘记还有这个工具可以选择。接下来我们将学习如何使用混合工具打造有空间感的文字海报。

（1）启动 Adobe Illustrator 软件，新建一个 A4 尺寸的文件。颜色模式为 CMYK，光栅效果为 300ppi。

（2）使用工具箱中的矩形工具（▨），单击画板空白区域，在弹出来的"矩形"对话框中将"宽度"设为 210mm，"高度"设为 297mm，如图 12-28 所示，单击"确定"按钮，可以画出一个与 A4 画板等大的矩形，以此作为画面背景。

图 12-28

（3）使用选择工具（▶）将画好的矩形与画板进行对齐。选中矩形，双击拾色器中的"填色"图标，将其颜色设为深灰色。双击拾色器中的"描边"图标，将其设为"无"。在"图层"面板中单击🔒位置，将此图层锁定，如图 12-29 所示。锁定图层的优势在于，当我们在图稿中进行其他操作时，对本图层的图形不会造成干扰。

图 12-29

（4）新建图层，在建好的"图层 2"中继续操作。在拾色器中将"填色"设为白色，将"描边"设为"无"。使用文字工具（T）在画板中输入文字 ILLUSTRATOR，注意，要尽量选择粗体的字体，画面效果如图 12-30 所示。

（5）使用选择工具（▶）选中字体，将其沿逆时针旋转 90°，按住 Shift 键，使用选择工具（▶）　将其等比放大一些。单击鼠标右键，在弹出的快捷菜单中执行"创建轮廓"命令，将文字转换成图形，如图 12-31 所示。

（6）单击工具箱中的自由变换工具，在弹出的面板中单击"透视扭曲"选项，如图 12-32 所示。将鼠标放在字体右上角的锚点上，光标会变成↳，此时沿垂直方向向下方拖动此锚点，可以将图形的右侧进行有透视感觉的收缩变形，效果如图 12-33 所示。

图 12-30

图 12-31

图 12-32

（7）使用选择工具（▶）选中字体，按住 Shift 键，单击并向右方拖动鼠标进行复制。将复制后的图形，进行水平方向上的收缩，画面效果如图 12-34 所示。

（8）同时选中两个字体图形，双击工具箱中的混合工具，弹出"混合选项"对话框，将"间距"设为"指定的步数"，其后数值设为 3，单击"确定"按钮，如图 12-35 所示。执行"对象→混合→建立"命令，实现两个图形之间的混合，画面效果如图 12-36 所示。

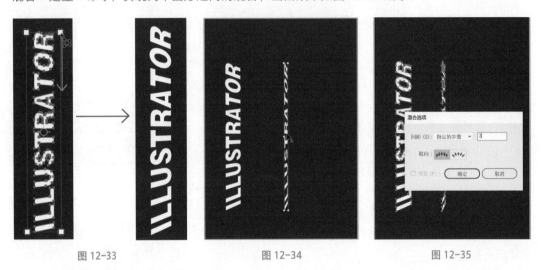

图 12-33　　　　　　　　图 12-34　　　　　　　　图 12-35

（9）双击工具箱中的渐变工具（▨），在"渐变"面板中将渐变类型设为"线性渐变"，将渐变滑块左侧起点色标设置为白色，右侧终点色标设置为与本图稿背景相同的颜色（可使用吸管工具（✎）吸取背景图的颜色）。具体参数的设置如图 12-37 所示。将图形设置渐变颜色之后，画面效果如图 12-38 所示。

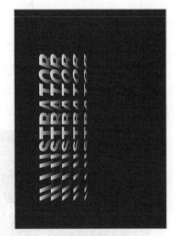

图 12-36　　　　　　　　图 12-37　　　　　　　　图 12-38

（10）使用选择工具（▶）选中图形，执行"对象→扩展"命令，在弹出的"扩展"对话框中选中"对象"复选框，单击"确定"按钮，如图 12-39 所示。然后将图形进行复制，置于图稿的右侧。使用镜像工具将复制后的图形进行水平翻转，在图稿中便出现了两个左右对称的图形。此时画面中的字体已经呈现出很强的立体感。画面效果如图 12-40 所示。

（11）将所有图形选中，单击鼠标右键，在弹出的快捷菜单中执行"编组"命令。将图层1解锁，使用对齐工具将编组图形与背景图进行居中对齐。使用文字编辑工具，进行简单的图文排版，一幅有空间感的文字海报就设计完成了。画面效果如图 12-41 所示。

图 12-39

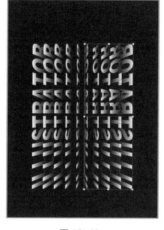

图 12-40

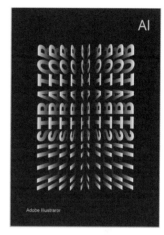

图 12-41

（12）执行"文件→存储为"命令，将图稿存储为 ai 格式的源文件，然后执行"文件→导出→导出为"命令，导出便于预览的 JPG 格式文件。

12.3　使用封套扭曲编辑文字

12.3.1　功能详解

封套是对选定对象进行扭曲和改变形状的对象。在 Illustrator 软件中，我们可以利用画板上的对象来制作封套，或使用预设的变形形状或网格作为封套。除图表、参考线或链接对象以外，我们可以在任何对象上使用封套。

如果要使用封套的预设改变既有图形的形状，可以执行"对象→封套扭曲"命令。如图 12-42 所示，在 Illustrator 软件的预设中，有 3 种方案供我们选择，分别是"用变形建立""用网格建立""用顶层对象建立"。

图 12-42

（1）所谓"用变形建立"，是指在"变形选项"对话框中选择一种变形样式并设置选项，如图 12-43 所示，在"变形选项"对话框中，软件预设了多种样式，如"弧形""拱形""旗形""波形""鱼形"等。

以"鱼形"为例，输入文字"BIG FISH"，执行"对象→封套扭曲→用变形建立"命令，弹出"变形选项"对

图 12-43

话框，在"样式"中选择"鱼形"，即可实现图 12-44 所示的效果，操作非常简单，却能收到不俗的效果。

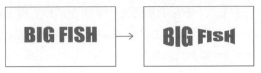

图 12-44

（2）"用网格建立"，是在"封套网格"对话框中设置行数和列数，以便对图形进行较为精细的扭曲与变形。

（3）"用顶层对象建立"，顾名思义，也就是将既有的图形以顶层对象为基准进行扭曲变形。注意，若要使用一个对象作为封套的形状，请确保对象的堆栈顺序在所选对象之上。如果不是这样，则请使用"图层"面板或"排列"命令将该对象向上移动，然后重新选择所有对象。

如果我们对既有的封套不满意，可以通过释放封套或扩展封套的方式来删除封套。释放封套封对象可创建两个单独的对象，分别是保持原始状态的对象和保持封套形状的对象。若要释放封套，请先选择封套，然后执行"对象→封套扭曲→释放"命令。扩展封套对象的方式可以删除封套，但对象仍保持扭曲的形状。要扩展封套，请选择封套，然后执行"对象→封套扭曲→扩展"命令。

12.3.2　"用变形和顶层对象建立"编辑文字

（1）启动 Adobe Illustrator 软件。执行"文件→打开"命令，素材图中有标记为 A、B、C、D 的 4 个相同的文字图案，如图 12-45 所示。

（2）使用封套扭曲的"用变形建立"功能，对图 12-45 中 A、B 和 C 处文字进行扭曲变形。使用选择工具（▶）选中 A 处的全部文字，执行"对象→封套扭曲→用变形建立"命令，打开"变形选项"对话框，如图 12-46 所示，将"样式"设为"弧形"，将"弯曲"数值设为 35，其他选项设置不变，单击"确定"按钮，即可将 A 处文字实现如图 12-47 所示的效果。

图 12-45

图 12-46

（3）使用选择工具（▶）选中 B 处的全部文字，执行"对象→封套扭曲→用变形建立"命令，打开"变形选项"对话框，如图 12-48 所示，将"样式"设为"扭转"，将"弯曲"数值设为 30%，将"水平"数值设为 30%，单击"确定"按钮，即可将 B 处文字实现如图 12-49 所示的效果。

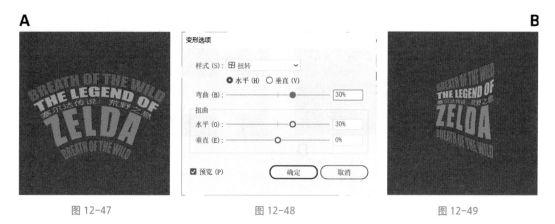

图 12-47   图 12-48   图 12-49

（4）首先使用选择工具（▶）选中 C 处前四行文字，执行"对象→封套扭曲→用变形建立"命令，打开"变形选项"对话框，将"样式"设为"拱形"，将"弯曲"数值设为 30%，其他数值不变，单击"确定"按钮。然后使用选择工具（▶）选中第五行文字，执行"对象→封套扭曲→用变形建立"命令，打开"变形选项"对话框，将"样式"设为"凸出"，将"弯曲"数值设为 30%，其他数值不变，单击"确定"按钮。即可将 C 处文字实现如图 12-50 所示的效果。

（5）使用封套扭曲的"用顶层对象建立"功能，对图 12-45 中 D 处文字进行扭曲变形。我们需要先绘制一个对象，使用矩形工具（▨）绘制两个矩形，使用自由变换工具将其进行变形，最后得到两个分别标记为 A 和 B 的梯形，效果如图 12-51 所示。

图 12-50

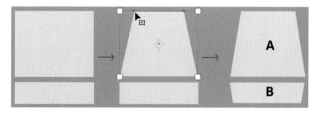

图 12-51

（6）使用选择工具（▶），同时选中图 12-51 中的梯形 A 和图 12-45 中 D 处文字的前四行，如图 12-52 所示。执行"对象→封套扭曲→用顶层对象建立"命令，可实现如图 12-53 所示的效果。注意，在进行封套扭曲的操作之前，一定要确保梯形在文字的上层。

（7）使用与上一步相同的方法，将图 12-51 中的梯形 B 和图 12-45 中 D 处文字的第五行，使用"用顶层对象建立"方法进行封套扭曲，最终可实现如图 12-54 所示的效果。

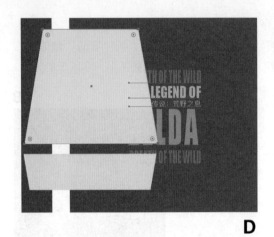

图 12-52

图 12-53

（8）将编辑好的文字移动到 D 处蓝色背景的中间位置，然后结合全图调整文字尺寸大小。最终，完成全部的文字编辑，画面效果如图 12-55 所示。

图 12-54

图 12-55

（9）执行"文件→存储为"命令，将图稿存储为 ai 格式的源文件，然后执行"文件→导出→导出为"命令，导出便于预览的 JPG 格式文件。

12.3.3　"用网格建立"编辑文字

（1）启动 Adobe Illustrator 软件，新建一个 A4 尺寸的文件。颜色模式为 CMYK，光栅效果为 300ppi。

（2）单击工具箱中的直线工具，在顶部菜单栏可以设置直线工具的属性，如图 12-56 所示，将"填色"设为

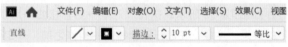

图 12-56

"无"，将"描边"设为黑色，将描边粗细设为 10pt，将变量宽度配置文件设为"等比"。

（3）使用直线工具，按住 Shift 键，在画板左侧画一条垂直线。按住 Alt 键，单击垂直线并向右侧拖动进行复制，然后按 Ctrl+D 组合键，进行重复的复制，一直到所有线条铺满画板，如图 12-57 所示。

（4）使用选择工具（▶）将所有线条选中，执行"对象→封套扭曲→用网格建立"命令，打开"封套网格"对话框，将"行数"设为 6，将"列数"设为 3，如图 12-58 所示，图中线条上出现了 6 行 3 列的蓝色网格线。单击"确定"按钮。

（5）使用直接选择工具（▷），沿图 12-59 所示红色虚线区域框选，可将网格第二行的锚点全部选中，按 Shift+ 光标键左方向键，将其向左平移，就形成了扭曲变形的效果，如图 12-60 所示。

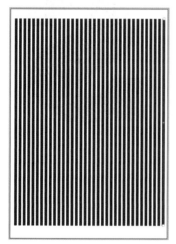
图 12-57

图 12-58

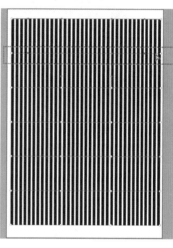
图 12-59

（6）使用直接选择工具（▷），沿图 12-60 所示红色虚线区域框选，可将网格第四行的锚点全部选中，使用组合键 Shift+ 光标键左方向键，将其向左平移，就形成了扭曲变形的效果，如图 12-61 所示。

（7）使用与之前同样的方法，继续调整网格的形状，最终画面效果如图 12-62 所示。

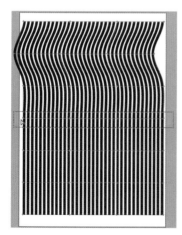
图 12-60

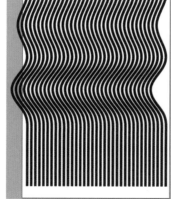
图 12-61

图 12-62

（8）使用选择工具（▶）选中所有图形，将其进行旋转。使用文字工具（T）输入英文字母S，字体为粗体，将其尺寸放大，具体画面效果如图12-63所示。

（9）按Ctrl+A组合键将所有图形进行全选，单击鼠标右键，在弹出的快捷菜单中执行"建立剪切蒙版"命令，可实现如图12-64所示的效果。一个具有立体感的字体就设计完成了。

（10）使用文字工具（T）输入一些文案，进行简单的排版设计，完成本图稿的制作。最终画面效果如图12-65所示。

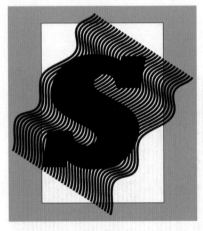

图12-63　　　　　　　　　　图12-64　　　　　　　　　　图12-65

（11）执行"文件→存储为"命令，将图稿存储为ai格式的源文件，然后执行"文件→导出→导出为"命令，导出便于预览的JPG格式文件。

12.4　使用 3D 功能绘制可口可乐

12.4.1　功能详解

3D效果能帮助我们从二维（2D）图稿创建三维（3D）对象。我们可以通过高光、阴影、旋转及其他属性来控制3D对象的外观，还可以将图稿贴到3D对象中的每一个表面上。

Tips:
3D工具和透视网格工具是不同的两种工具，但在透视中处理3D对象的方式与处理其他任何透视对象的方式完全一样。

有两种创建3D对象的方法，分别是通过凸出或通过绕转。

使用凸出操作创建3D对象，可以选中操作对象，执行"效果→3D→凸出和斜角"命令。沿对象的Z轴凸出拉伸一个2D对象，以增加对象的深度，如图12-66所示，如果凸出一个2D椭圆，那么它就会变成一个圆柱。

Tips:

　　如果对象在"3D选项"对话框中旋转，则对象的旋转轴将始终与对象的前表面相垂直，并相对于对象移动。

　　通过绕转创建 3D 对象，是指围绕全局 Y 轴（绕转轴）绕转一条路径或剖面，使其做圆周运动，通过这种方法来创建 3D 对象。操作方法是选中操作对象，执行"效果→ 3D →绕转"命令，如图 12-67 所示，由于绕转轴是垂直固定的，因此用于绕转的开放或闭合路径应为所需 3D 对象面向正前方时垂直剖面的一半，我们可以在效果的对话框中旋转 3D 对象。

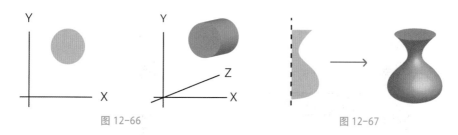

图 12-66　　　　　　　　　　　　　　　图 12-67

　　设置 3D 旋转位置选项，可以选中操作对象，执行"效果→ 3D →旋转"命令。

　　如图 12-68 所示，从"位置"下拉菜单中选择一个预设位置。对于无限制旋转，请拖动模拟立方体的表面。对象的前表面用立方体的蓝色表面表现，对象的上表面和下表面为浅灰色，两侧为中灰色，后表面为深灰色。如要限制对象沿一条全局轴旋转，请按住 Shift 键，同时水平拖动（围绕全局 Y 轴旋转）或垂直拖动（围绕全局 X 轴旋转）。如需调整透视角度，请在"透视"文本框中输入一个介于 0 ～ 160 的值。较小的镜头角度类似于长焦照相机镜头，较大的镜头角度类似于广角照相机镜头。

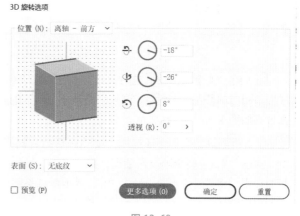

图 12-68

　　最后，讲一下 3D 工具的一个重要功能——将图稿映射到 3D 对象上。每个 3D 对象都由多个表面组成。例如，一个正方形拉伸变成的立方体有 6 个表面：正面、背面以及 4 个侧面。你可以将 2D 图稿贴到 3D 对象的每个表面上，如图 12-69 所示，如果我们想把一朵花的图形贴到一个瓶形的对象上，则可以使用这个功能实现效果。

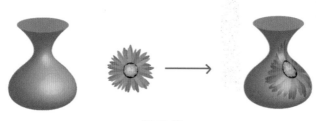

图 12-69

12.4.2　绘制过程

（1）启动 Adobe Illustrator 软件。执行"文件→打开"命令，在素材图中有一张可口可乐的照片和 LOGO 素材，如图 12-70 所示。

（2）将 LOGO 素材移动到画板外部。按 Ctrl+R 组合键打开网格，在可口可乐瓶的正中间拉一条垂直方向的参考线。在拾色器中将"填色"设为"无"，将"描边"设为"黑色"。使用钢笔工具（✎）以可口可乐瓶图片为参考，进行外轮廓的勾线，勾线时注意将瓶子分成 4 个部分，如图 12-71 所示，每一个局部都是一个闭合的图形。

图 12-70

图 12-71

（3）给这 4 个局部图形进行上色，上色的方法可使用吸管工具（✎）去可口可乐的素材图片中吸取相应的颜色。上色后，这 4 个局部从上到下的颜色分别为红色、白色、浅灰色与深褐色，画面效果如图 12-72 所示。

（4）将画好的图形全部选中，按 Ctrl+G 组合键将其进行编组。执行"效果→ 3D →绕转"命令，弹出"3D 绕转选项"对话框，将"透视"设为 20°。单击"更多选项"按钮，在弹出的下拉面板中，将"混合步骤"设为 100，其他默认参数保持不变，如图 12-73 所示。单击"确定"按钮，完成设置。

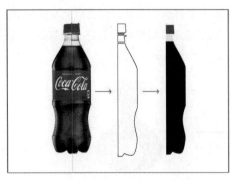

图 12-72

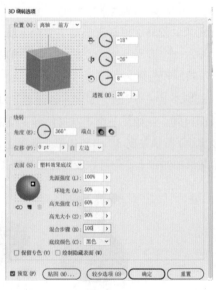

图 12-73

（5）此时，一个二维的平面图形通过绕转变成了一个三维的立体图形，画面效果如图 12-74 所示。原有的可口可乐图形素材至此就没用了，使用选择工具（▶）选中它将其删掉。

（6）接下来，我们将 LOGO 映射到瓶身上。选中 LOGO 图形，执行"窗口→符号"命令，打开"符号"面板，将 LOGO 图形拖入"符号"面板中，弹出"符号选项"对话框，如图 12-75 所示，将名称改为 logo，单击"确定"按钮。此时，LOGO 图形就被添加到了"符号"面板中，如图 12-76 所示，符号库中最后一个图标就是刚被置入的 LOGO 图形。

图 12-74

> Tips：
> 打开"符号"面板的组合键是 Shift+Ctrl+F11。

（7）使用选择工具（▶）选中画好的可口可乐瓶，执行"窗口→外观"命令，打开"外观"面板，如图 12-77 所示，单击"3D 绕转"，即可进入可口可乐瓶的"3D 绕转选项"对话框，如图 12-78 所示。此时，单击"贴图"按钮，即可进入"贴图"对话框，如图 12-79 所示。

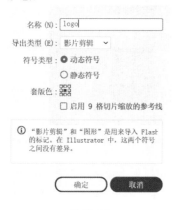

图 12-75

图 12-76

图 12-77

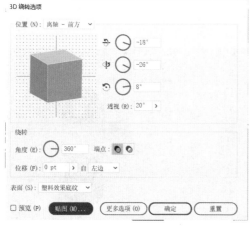

图 12-78

图 12-79

（8）在"贴图"对话框中，如图 12-79 所示，首先调节"表面"，单击 ▶ 图标即可选择不同的表面，注意，在此处选择瓶身的表面，因为 LOGO 的标签要贴在瓶身上。然后将"符号"设定之前置入"符号"面板中的 LOGO 符号，选中"预览"复选框，调整中间 LOGO 图形的位置，就可以得到标签贴在瓶身上的变化效果，直到调到自己满意的角度为止。然后选中"贴图具有明暗调（较慢）"复选框，标签便有了像可口可乐瓶一样的明暗影调。单击"确定"按钮，完成设置。此时，一个栩栩如生的三维可口可乐瓶就绘制完成了，画面效果如图 12-80 所示。

（9）使用矩形工具（▨）绘制一个与画布等大的矩形，然后使用吸管工具（✎）吸取瓶盖的红色，以此红色矩形作为画面的背景。将 LOGO 图形放在图稿的左侧，可口可乐瓶放在图稿的右侧。画面效果如图 12-81 所示。

图 12-80

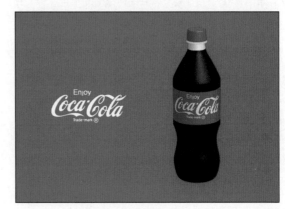

图 12-81

（10）选中 LOGO 中的白色图形，执行"效果→3D→凸出和斜角"命令，打开"3D 凸出和斜角选项"对话框属性调整面板，参数设置如图 12-82 所示，单击"确定"按钮，完成设置，可实现如图 12-83 所示的画面效果。

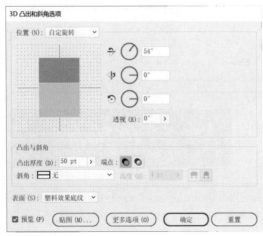

图 12-82

图 12-83

（11）执行"窗口→透明度"命令，打开"透明度"面板，如图 12-84 所示，将混合模式调整为"变暗"，将"不透明度"设为 80。然后使用文字工具（T）输入文案，进行简单的图文排版，实现最终的画面效果，如图 12-85 所示。

图 12-85

图 12-84

（12）执行"文件→存储为"命令，将图稿存储为 ai 格式的源文件，然后执行"文件→导出→导出为"命令，导出便于预览的 JPG 格式文件。

Ai

第 13 章 ——

将人物照片转为扁平化
风格插画

如今我们生活在一个"读图时代",插画在生活中随处可见。在书籍配图、封面设计、招贴海报、游戏设计、户外广告等领域,都能看到插画的身影。插画的题材是非常广泛的,例如人物、动物、历史、自然风光等。

当下,随着自媒体大潮的涌起,人物主题插画越来越引起社会的重视。除了现实生活中,所有人都会穿梭于社交平台所构建的虚拟王国,微信、微博、腾讯 QQ、百度贴吧、抖音以及各大直播平台充斥着我们每个人的日常生活。在每个平台中,我们都拥有属于自己的账号与头像,个人头像是网络社交中带给别人的第一印象,它的重要性不言而喻。在追求个性差异与艺术多元的风潮下,越来越多的人倾向于使用本人插画作为头像。

对于企业而言,使用人物插画设计 LOGO 的情形更是屡见不鲜,比如美国知名跨国连锁餐厅肯德基,以创始人山德士上校为原型设计的肯德基老爷爷的 LOGO 形象深入人心,中国也有老干妈、十三香、旺旺集团、真功夫等以人物形象作为企业 LOGO 的诸多成功案例。

在本章的内容中,我们将一起学习如何以真人照片为素材,绘制扁平化风格的人物插画。

13.1 扁平化风格插画概述

扁平化风格是近些年在设计界非常流行的一种设计风格。"扁平化设计"(Flat Design)的概念在 2008 年由 Google 首次提出,其核心在于去除冗余、厚重和繁杂的装饰效果。具体表现在去掉多余的透视、纹理、渐变以及能做出 3D 效果的元素,这样可以让"信息"本身重新作为核心被凸显出来。同时在设计元素上,强调了抽象、极简和符号化。

扁平化风格的人物插画就是用极简的造型表现出人物的特点,简化一切元素使画面更直观、更具设计感。以歌舞伎题材,图 13-1 展示的是日本艺术家佃喜翔(Kisho Tsukuda)的工笔人物画作品,人物绘画比较写实,造型准确,光影动人,细节丰富,额顶的头发甚至根根可数,以上特征都属于传统绘画的范畴。而图 13-2 则展示了日本平面设计师田中一光(Tanaka Ikko)的平面海报作品,人物造型极为抽象,他从歌舞伎女子形象中提炼出简约的几何图形,进行解构与重构,为了增添画面的生动性和趣味性,几何图形之间的组合运用就显得尤为重要。田中一光善于运用高度整合后的几何图形去展现人物形象,面部运用长方形、方形、三角形这 3 种几何图形进行归纳整理。

将田中一光的设计作品,与当下流行的扁平化风格插画(如图 13-3 所示)做对比,会发现它们有异曲同工之妙。因此,任何设计风潮的涌现都并非空穴来风,艺术总有源头,扁平化设计风格也是艺术发展和演进的成果。

总体而言,扁平化风格插画有 3 个特点。第一,遵循"少即是多"的极简主义设计风格,造型简约,以几何图形或简约平面图形构型画面。第二,由于造型扁平,所以在配色上多使用对比强烈的纯色进行搭配,营造视觉上的张力,去弥补造型上的单薄。第三,装饰手法以平涂为主,拒绝使用透视、纹理、渐变、3D 立体效果作为装饰。

扁平化所追求的不是还原事物的真实性,而是提炼出事物的特点,用简练概括的手法将事物直白地表现出来。随着科技的进步与人工智能的升级,我们每一天都在接收越来越多的信息,这海量而冗余的信息常常使我们的大脑不堪重负。因此,使用最直截了当的图形,配上鲜艳直白的色彩来传递信息或许是再好不过的选择了，而这也是扁平化风格风靡全球的原因所在。

图 13-1　　　　　　　　　　　　　　　　　　图 13-2

图 13-3

13.2　使用形状工具绘制漫威英雄绿巨人

绿巨人浩克（Hulk）是美国漫威漫画旗下的超级英雄。浩克皮肤的主要颜色是绿色，在过去四十年中，浩克几乎与漫威漫画中的每一个英雄和反派都交战过，他也深受全世界影迷的喜爱。

在本节中，我们使用形状工具进行绘制，主要锻炼把复杂图形归纳成简单的几何图形的能力。形状工具包括矩形工具（▢）、圆角矩形工具（▢）、椭圆工具（◯）、多边形工具（⬡）、星形工具（☆），关于形状工具的使用技巧参照本书第 4 章的内容，在此不再赘述。

13.2.1　课程准备

（1）启动 Adobe Illustrator 软件。

（2）执行"文件→打开"命令，文件中有一张漫威超级英雄绿巨人的照片素材，如图 13-4 所示。

（3）执行"视图→画板适合窗口大小"命令，调整适合屏幕预览的图像显示比例。

图 13-4

13.2.2　绘制过程

（1）将绿巨人素材图移到画板左边作为参考，仔细观察他的外形。将其外形进行大致的归纳与概括，可以画出初步的草图，画面效果如图 13-5 所示。在初步整理草图时，遵循的原则是越简单越好，不要添加任何细节，这样有助于把握图形的整体效果。

（2）以草图为基础，参照照片逐步添加细节。首先进行绿巨人头部的绘制，双击拾色器中的"描边"图标，将其设为"无"，双击"填色"图标，在 # 位置输入色号 002938，如图 13-6 所示。然后，使用矩形工具（▢）画一个矩形。

图 13-5

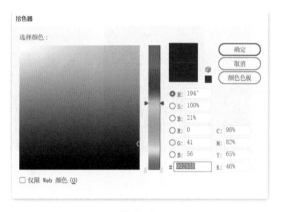

图 13-6

（3）双击拾色器中的"填色"图标，输入色号 7A7A7A。使用圆角矩形工具（▢），在矩形上绘制圆角矩形，画面效果如图 13-7 所示。按住 Alt 键，使用选择工具（▶）单击并向右方拖动圆角矩形进行复制。选中复制后的图形，向下继续进行复制，此时画面中共有 3 个圆角矩形，第一列有一个，第二列有两个，它们的位置如图 13-8 所示。

（4）同时选中第二列的两个圆角矩形，执行"窗口→路径查找器"命令，打开"路径查找器"面板，如图 13-9（a）所示，单击"减去顶层"图标▯，可实现如图 13-9（b）所示的效果。

图 13-7

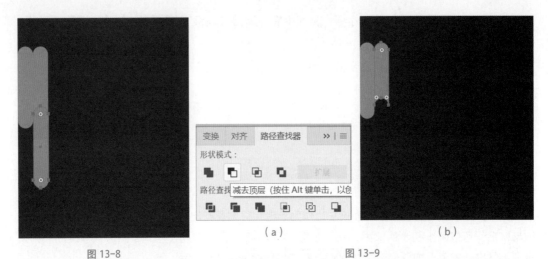

图 13-8　　　　　　　　　　　　　　　　　图 13-9

（5）现在只剩两个圆角矩形，同时选中这两个图形，向右侧进行复制，总共复制 4 次，然后选中最后一个图形，进行删选，最终可实现如图 13-10 所示的画面效果。

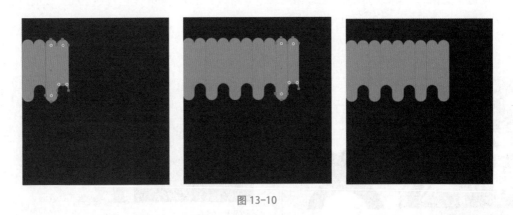

图 13-10

（6）选中所有的圆角矩形，执行"窗口→路径查找器"命令，打开"路径查找器"面板，单击"联集"图标■，将所有图形进行联集，此时所有分散的灰色圆角矩形联集成了一个图形。然后将其进行等比放大，直至图形两端完全与下方矩形对齐，画面效果如图 13-11 所示。

（7）同时选中两个图形，执行"窗口→路径查找器"命令，打开"路径查找器"面板，单击"分割"图标■，将图形进行分割。使用直接选择工具（ ▷ ）选中图 13-12 中左侧图形中被标记的部分，将其删除，实现右侧图形的效果。

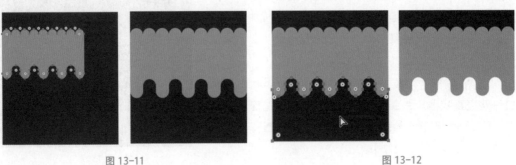

图 13-11　　　　　　　　　　　　　　　　　图 13-12

（8）选中上方深色图形使用吸管工具（🖊）吸取上面深色图形的颜色，将两图形设置成相同的颜色。同时选中两个图形，执行"窗口→路径查找器"命令，打开"路径查找器"面板，单击"联集"图标▣，将所有图形进行联集，实现图 13-13 中最后一个图形的画面效果。

图 13-13

（9）双击拾色器的"填色"图标，将"填色"的色号设为 81BF25。使用矩形工具（▣）绘制一个绿色矩形，如图 13-14 所示，将其与之前画好的图形对齐。使用直接选择工具（▷）将绿色矩形下方两个直角转换为圆角，然后单击鼠标右键，在弹出的快捷菜单中执行"排列→置于底层"命令，将绿色置于图稿的底层，实现图 13-14 中最后一个图形的画面效果，此时绿巨人的头部图形就绘制完成了。

图 13-14

（10）使用椭圆工具（⬭）为头部添加眼睛、耳朵和鼻孔的图形。由于五官是对称的，我们在绘制的时候，只需画出一只器官，然后复制并使用镜像工具进行水平翻转即可。耳朵与鼻孔的色号为 559135。最后，使用对齐工具进行对齐，实现如图 13-15 所示的画面效果。

（11）绘制嘴巴图形。使用圆角矩形工具（▭）绘制一个圆角矩形，颜色与头发颜色一致，然后使用椭圆工具（⬭），按住 Shift 键，绘制一个圆形，色号为 C91C4A。同时选中两个图形，执行"窗口→路径查找器"命令，打开"路径查找器"面板，单击"分割"图标▣，将图形进行分割，然后使用直接选择工具（▷）选中下方被分割的红色半圆形，将其删除。嘴巴的图形就绘制完成了，绘制过程如图 13-16 所示。

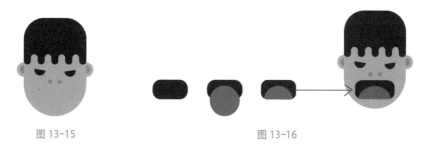

图 13-15　　　　　　　　　　　　　　　图 13-16

（12）使用矩形工具（▦）绘制绿巨人的身躯，如图 13-17 所示，首先绘制上下两个大小不等的矩形，矩形的颜色与鼻孔颜色一致。然后绘制一个正方形，将正方形置于底层，然后旋转 45°，实现图 13-17 中最后一个图形的效果。

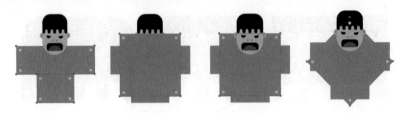

图 13-17

（13）绘制绿巨人的四肢。将拾色器的"填色"设为"无"，"描边"设为与躯体相同的绿色。使用椭圆工具（⬭），按住 Shift 键绘制一个圆环。使用直接选择工具（▷），选中圆环右侧的锚点，将其删除，然后将线段的描边粗细数值调整成 70pt，可以得到一个半圆环。具体绘制过程如图 13-18 所示。

图 13-18

（14）将此半圆环置于绿巨人躯体下方，作为其双腿。画面效果如图 13-19 所示。然后复制此半圆环，将其沿顺时针旋转 90°，将其描边粗细改为 80pt，再执行"对象→扩展"命令，单击"确定"按钮，将路径转换为图形。然后，使用选择工具（▶）将其移动到躯体的左侧，作为绿巨人的左臂。复制此图形，使用镜像工具进行水平翻转，作为绿巨人的右臂。将左臂与右臂图形进行编组，以躯体为中心进行水平居中对齐。最终画面效果如图 13-20 所示。

（15）使用椭圆工具（⬭），在手部位置绘制两个圆形，作为绿巨人的拳头，如图 13-21 所示。将构成绿巨人双腿的半圆环进行扩展，将路径转换为图形。然后选中除头部以外的其他所有图形，在"路径查找器"面板中执行"联集"命令，将躯体与四肢联集成一个图形，如图 13-22 所示。

图 13-19

图 13-20

图 13-21

（16）绘制绿巨人的肌肉。使用圆角矩形工具（▢）与椭圆工具（⬭）为绿巨人添加构成肌肉的图形。最终画面效果如图 13-23 所示。

图 13-22

图 13-23

（17）绘制腰带。绘画步骤如图 13-24 所示，复制两个头发的图形，沿水平方向排列，在"路径查找器"面板中对两个图形执行"联集"命令。使用矩形工具（）在上方画一个矩形，选中这两个图形，在"路径查找器"面板中对两个图形执行"减去顶层"命令，最终实现图 13-24 中最后一个图形的画面效果。将此腰带图形置于绿巨人的腰部位置，将其色号设为 492C5B，画面效果如图 13-25 所示。

图 13-24

（18）在"路径查找器"面板中对腰带图形与躯体四肢图形执行"分割"命令，画出绿巨人的短裤图形，其颜色的色号为 331637，画面效果如图 13-26 所示。使用椭圆工具（）与圆角矩形工具（）为绿巨人添加脚趾与其他装饰点缀的图案，不要忘记给绿巨人绘制影子，影子的颜色与舌头的颜色一致。最终，完成整个漫威超级英雄绿巨人的扁平化插画绘制，画面效果如图 13-27 所示。

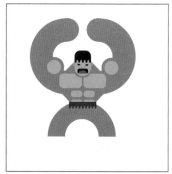

图 13-25

图 13-26

图 13-27

（19）执行"文件→存储为"命令，将图稿存储为 ai 格式的源文件，然后执行"文件→导出→导出为"命令，导出便于预览的 JPG 格式文件。

13.3　使用钢笔工具绘制大侦探波洛

《大侦探波洛》（Agatha Christie's Poirot）是兰尼·雷等人执导的系列推理探案剧，由大卫·苏切特主演。该剧由"推理女王"阿加莎·克里斯蒂所著系列小说改编，讲述比利时名侦探赫尔克里·波洛如何侦破各类案件、如何成为世界文学史上最受欢迎的侦探之一的历程。

在本节中，我们主要使用钢笔工具（✒）对大侦探波洛进行绘制，主要锻炼把复杂图形归纳成简单的图形的能力。关于钢笔工具（✒）的使用技巧可参见本书第 7 章的内容，在此不再赘述。

13.3.1　课程准备

（1）启动 Adobe Illustrator 软件。

（2）执行"文件→打开"命令，有两张剧照素材，如图 13-28 所示。左侧素材图用来参考五官与衣服的画法，右侧素材图用来参考帽子的画法。

图 13-28

（3）执行"视图→画板适合窗口大小"命令，调整适合屏幕预览的图像显示比例。

13.3.2　绘制过程

（1）从帽子开始绘制，使用钢笔工具（✒）在右侧素材图上进行勾线，如图 13-29 所示，先从帽檐开始绘制，由于我们要绘制的图形是对称的，所以只需要画一半图形即可，另一半图形可以通过复制和水平翻转来实现。具体方法如图 13-30 所示，将绘制好的右半边图形进行复制，然后使用镜像工具进行水平翻转，使用路径查找器进行联集，然后使用吸管工具（✒）吸取

图 13-29

素材图上帽檐的颜色。最终实现图 13-30 中最后一个图形的画面效果。

图 13-30

（2）使用钢笔工具（✐）继续绘制帽檐下方的图形，如图 13-31 所示。使用与上一步相同的方法，具体步骤参见图 13-32。将画好的图形与上一步骤画好的图形组合在一起，实现如图 13-33 所示的效果，此时一个完整的帽檐就绘制完成了。

图 13-31

图 13-32　　　　　　　　　　　　　　　　　　　图 13-33

（3）使用钢笔工具（✐）继续绘制，如图 13-34 所示，将帽子顶部图形画出来，然后使用吸管工具（✐）吸取相应的配色，一顶完整的帽子就绘制完成了，画面效果如图 13-35 所示。

图 13-34

图 13-35

（4）画完帽子之后，可将参考的素材图删掉。以图 13-28 中左侧素材图作为参考，使用钢笔工具（✐）画出波洛的脸部、头发与耳朵，具体画面效果如图 13-36 所示。

图 13-36

（5）使用钢笔工具（✐）绘制波洛脸部右侧的眼睛、眉毛与光影图形，然后使用吸管工具（✐）吸取素材图中相应的颜色，画面效果如图 13-37 所示。将这组图形进行编组，然后向左边复制，再使用镜像工具进行水平翻转，形成如图 13-38 所示的效果。

图 13-37　　　　　　　　　　　　　　　　　　　　图 13-38

（6）使用钢笔工具（✎）继续绘制波洛的鼻子、胡子与阴影，如图 13-39 所示，在绘制鼻子时，使用正负形的创作手法，借助鼻孔与鼻子周围由法令纹形成的阴影将鼻子的形状衬托出来。此时，波洛的面部五官全部绘制完成，画面效果如图 13-40 所示。

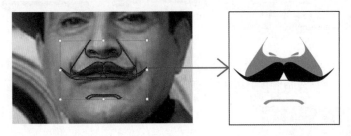

图 13-39　　　　　　　　　　　　　　　　　　　　图 13-40

（7）继续参照素材图，绘制波洛的衣服与配饰，如图 13-41 所示，绘制的内容主要包括西装外套、内衬马甲、白衬衫、蝴蝶结。此处的配色与帽子配色形成呼应，主要以黑、白、灰进行配色，让人物呈现出调理严谨、成熟稳重之感，这样的感觉与角色在影片中呈现的性格吻合。此时，大侦探波洛的形象就呼之欲出了，整体画面效果如图 13-42 所示。

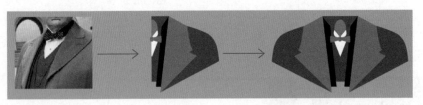

图 13-41　　　　　　　　　　　　　　　　　　　　图 13-42

（8）使用矩形工具（▭），按住 Shift 键，绘制两个尺寸不同的正方形作为画面的背景。画面效果如图 13-43 所示。

（9）使用文字工具（T）输入大侦探波洛的英文名"Hercule Poirot"，将文字置于图像下方，与图稿进行居中对齐。再用直线段工具（╱）在文字两侧绘制两条装饰线，完成本图稿的绘制，最终画面效果如图 13-44 所示。

（10）执行"文件→存储为"命令，将图稿存储为 ai 格式的源文件，然后执行"文件→导出→导出为"命令，导出便于预览的 JPG 格式文件。

图 13-43

图 13-44

13.4 使用实时上色工具绘制小女孩

在前面的练习中，我们所绘制的人物均来自影视作品。在本节中，我们将以现实生活中的人像摄影照片为蓝本进行人物插画的创作。在此，主要使用实时上色工具（）进行插画的绘制，通过此类练习的积累，可以让创作者具备将复杂图形归纳成简单图形的能力。需要指出的是，此方法不仅仅适用于人像摄影的绘制，风光摄影、纪实摄影、商业摄影、静物摄影等均可胜任，从这个角度看，学习本节后，您可以随心所欲地将生活中拍的任何题材的摄影照片转换为矢量插画。

在创作之前，我们先一起了解一下实时上色工具，"实时上色"是一种创建彩色图画的直观方法。通过采用这种方法，我们可以使用 Ai 软件的所有矢量绘画工具，绘制的路径会将画面分割成几个区域，可以对其中的任何区域进行着色，不论该区域的边界是由单条路径还是多条路径组成。这样一来，为对象上色就好似在涂色簿上填色，或是用水彩为铅笔素描上色，操作非常便捷。

借助实时上色工具，可将图稿转换为实时上色组，我们可以任意地对它们进行着色，就像对画布或纸上的绘画进行着色一样。也可以使用不同颜色为每条路径段描边，并使用不同的颜色、图案或渐变填充每条封闭路径。

一旦建立了"实时上色"组，每条路径都可编辑。移动或调整路径形状时，前期已应用的颜色不会像在自然介质作品或图像编辑程序中那样保持在原处，相反，Ai 软件自动将其重新应用于由编辑后的路径所形成的新区域，如图 13-45 所示。

原稿

建立"实时上色"后填色

调整路径后

图 13-45

使用实时上色工具为图稿上色主要分为 3 个步骤。

（1）使用形状工具、钢笔工具（✐）、铅笔工具（✐）、画笔工具（✐）或直线段工具（✐）等绘制线稿，绘制线稿的过程如同在纸上绘画一样。

> Tips:
> 绘制线稿时，路径必须是闭合的，否则可能会导致创建实时上色组失败。尤其在不同路径的连接点位置，可以放大图稿进行精确的绘制，确保路径闭合。

（2）为绘制好的图稿创建实时上色组，选中图稿，执行"对象→实时上色→建立"命令。

（3）使用实时上色工具（🅰）配合拾色器工具，单击所选对象进行上色。

接下来，我们将以人像摄影照片为素材，使用实时上色工具，绘制扁平化风格的人物插画。

13.4.1　课程准备

（1）启动 Adobe Illustrator 软件。

（2）执行"文件→打开"命令，在文件夹"素材与源文件"中找到 Lessons>Lesson13> 小女孩素材文件并打开，可见一个俏皮可爱的小女孩的侧身图片，如图 13-46 所示。

（3）执行"视图→画板适合窗口大小"命令，调整适合屏幕预览的图像显示比例。

13.4.2　绘制过程

（1）使用选择工具（▶）选中画板中的人像照片，在"图层"面板中单击👁图标右侧的空白区域（见图 13-47），会出现🔒图标，如图 13-48 所示。该图标为一把锁的形状，代表图

图 13-46

层的锁定，此时图层 1 就被暂时锁定了，该图层上任何图形都不能被编辑。

（2）单击"图层"面板右下方的"创建新图层"图标◳，创建图层 2，如图 13-49 所示。接下来将在图层 2 中进行图形的绘制。由于图层 1 被锁定，因此在绘制过程中两个图层之间不会互相干扰。

图 13-47

图 13-48

图 13-49

（3）进行鸭舌帽的轮廓绘制。使用直线段工具（/）以素材图为参考绘制线稿，绘制时要注意体积感，从构成图形的结构着手，以光影作为参考，绘制出如图 13-50 所示的效果。从线稿看，路径与路径之间是闭合的。

（4）选中线稿，执行"对象→实时上色→建立"命令，创建实时上色组，创建之后，画面效果如图 13-51 所示，图稿四周的边缘线出现了 8 个米字形符号，说明"实时上色"的程序完成了，此时图中的任意一个几何形都可以被单独填色。

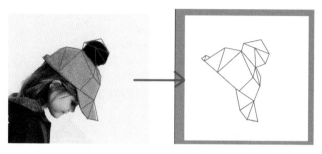

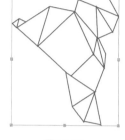

图 13-50
图 13-51

（5）使用吸管工具（）在图 13-52 中的 A 标记所在的图形处吸取颜色，然后在工具箱中选择实时上色工具（），单击与之相对应的 B 标记处图形，即可完成局部图形的着色。以同样的方法，为组成整个帽子的全部图形进行上色，所有颜色都使用吸管工具（）从素材中吸取而成。最终，帽子图形的画面效果如图 13-53 所示。

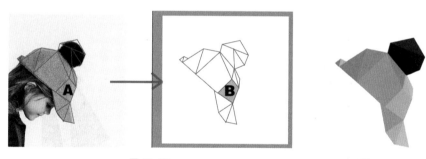

图 13-52
图 13-53

（6）使用直线段工具（/）继续绘制小女孩面部线稿。面部的细节比较多，绘制时一定要有耐心，可以使用缩放工具（）将图稿放大，进行精确地绘制。绘制的思路同样是通过线条编织的块面营造出人物面部的体积感，线稿效果如图 13-54 所示。

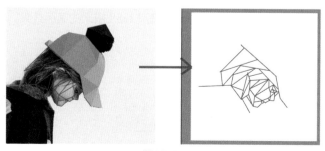

图 13-54

（7）选中面部线稿，执行"对象→实时上色→建立"命令，创建实时上色组，然后使用实时上色工具配合吸管工具（）进行上色，操作方法与步骤（5）一样。面部上色后，实现如图 13-55 所示的画面效果。此时，人物面部的形象就呈现出来了，它主要由不同的色块组成，远远望去，有一种油画的既视感。

（8）将面部图形与之前画好的帽子拼合在一起，画面效果如图 13-56 所示。此时小女孩的头部图形就绘制完成了，虽是平面颜色的组合，但明显可以看出图形的立体感，为了更好地营造出体积感，上色时要注意光影的变化。如果使用吸管工具吸取的颜色不符合画面要求，可根据画面效果进行手动上色。

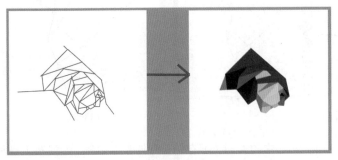

图 13-55　　　　　　　　　　　　　　　　　图 13-56

（9）使用直线段工具（）绘制小女孩的衣服线稿。选中改组线稿，执行"对象→实时上色→建立"命令，创建实时上色组，然后使用实时上色工具配合吸管工具（）进行上色，操作方法与步骤（5）一样，上色后实现如图 13-57 所示的画面效果。

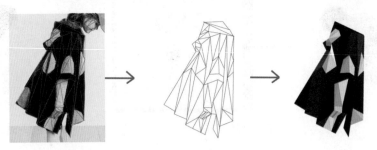

图 13-57

（10）使用直线段工具（）绘制小女孩的腿部与鞋子线稿。选中改组线稿，执行"对象→实时上色→建立"命令，创建实时上色组，然后使用实时上色工具配合吸管工具（）进行上色，操作方法与步骤（5）一样，上色后实现如图 13-58 所示的画面效果。

图 13-58

（11）此时，整个小女孩的图像绘制完毕。将带有小女孩照片的图层 1 删除，在底部绘制一个浅灰色三角形作为人物的影子，最终实现如图 13-59 所示的画面效果。

（12）执行"文件→存储为"命令，将图稿存储为 ai 格式的源文件，然后执行"文件→导出→导出为"命令，导出便于预览的 JPG 格式文件。

图 13-59

13.5 使用综合方法绘制男青年

在本节中，我们将学习使用综合技法绘制男青年插画，其中用到了多种绘图工具，如钢笔工具、直线段工具、矩形工具、椭圆工具等。

13.5.1 课程准备

（1）启动 Adobe Illustrator 软件。

（2）执行"文件→打开"命令，在文件夹"素材与源文件"中找到 Lessons>Lesson13> 男青年素材文件并打开，如图 13-60 所示。

（3）执行"视图→画板适合窗口大小"命令，调整适合屏幕预览的图像显示比例。

图 13-60

13.5.2 绘制过程

（1）通过素材图，我们分析人物的特点，提炼有价值的信息进行归纳。仔细观察素材图，分析人物的特点，提炼有价值的信息进行归纳。男青年的脸型为长脸，眼窝凹陷，颧骨突出，这反映出他本人偏瘦的特点。从发型看，他拥有一头长长的卷发，为了不让长发遮住眼睛，因而头系发带，我们要把发带这个配饰纳入绘图内容中。

（2）结合这些特点，进行草稿的绘制，在绘制的过程中可以将某些人物的特征进行夸张，如脸长、颧骨高等。可以使用铅笔在草稿纸绘制草图，也可以使用直线段工具（／）或者钢笔工具（✎）在 Ai 软件中绘制，在此，我们通过后者进行案例演示。使用直线段工具（／）完成人物草图的绘制，绘制的构图要简约而概括，画面效果如图 13-61 所示。

（3）选中绘制好的线稿将其透明度降低，将所在的图层 1 进行锁定，新建图层 2，然后在"图层"面板中将图层 1 置于图层 2 的上方。画面效果如图 13-62 所示。这样一来，在图层 2 进行绘制时，一直可以看到图层 1 草图的参考线。

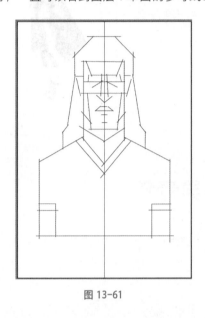

图 13-61

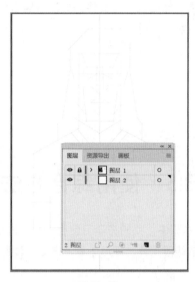

图 13-62

（4）由于绘制的人物是对称的，我们只需绘制半边图形即可，之后复制画好的图形进行水平翻转。使用钢笔工具（✐）沿参考线绘制左半边脸部图形，画面效果如图 13-63 所示。使用直接选择工具（▷）选中图 13-63 中的图形，将其直角转换为圆角，画面效果如图 13-64 所示。

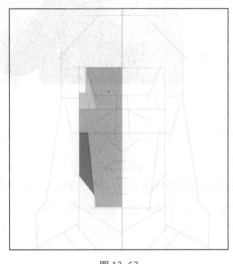

图 13-63

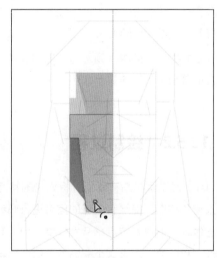

图 13-64

（5）分别使用钢笔工具（✐）和椭圆工具（⬭）绘制人物的耳朵与颧骨图形，画面效果如图 13-65 所示。

（6）使用钢笔工具（✐）绘制人物的眼部图形，包括眉毛、眼窝、眼睛与眼袋。画面效果如图 13-66 所示。

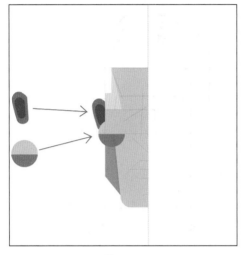
图 13-65

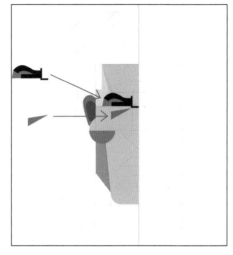
图 13-66

（7）使用钢笔工具（✐）绘制人物的鼻子、人中、嘴巴与胡须，如图 13-67 所示，鼻子上的黑色图形是鼻孔，浅粉色图形是高光点。以上这些图形均与面部的粉色图形进行右对齐。

（8）使用钢笔工具（✐）绘制人物的脖子、头发以及发带。画面效果如图 13-68 所示。

（9）使用钢笔工具（✐）绘制人物的球衣与手臂，至此男青年的左半边图形就绘制完毕了。选中所有图形，进行编组。画面效果如图 13-69 所示。

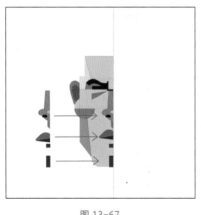
图 13-67

图 13-68

图 13-69

（10）将左半边图形向右侧复制，使用镜像工具将复制后的图形进行水平翻转，然后将两组图形拼接在一起，可实现如图 13-70 所示的画面效果。

（11）重新为右半边图形上色，上色的规律是，大部分右侧的图形都比左侧所对称的图形颜色略深一些（头发、眼睛、球衣除外）。通过这样的方法，以中轴线为界，左半边图形颜色浅，右半边图形颜色深，形成一种视觉上的明暗关系的变化，虽然颜色都是平涂，但却呈现出透视的立体感。画面效果如图 13-71 所示。

图 13-70

图 13-71

（12）使用钢笔工具（✏）绘制运动服的图案装饰及球衣号码。整体的画面效果如图 13-72 所示。

（13）使用形状工具配合路径查找器工具绘制图稿背景，将人物图形背景组合，置于画板中间位置。将图层 1 隐藏或删除，图层 1 中包括两张照片素材和一张草稿图，鉴于图稿已经画完，不再需要这些素材，只保留我们绘制图形的图层 2 即可。此时，男青年插画图稿绘制完毕，画面效果如图 13-73 所示。

图 13-72

图 13-73

（14）执执行"文件→存储为"命令，将图稿存储为 ai 格式的源文件，然后执行"文件→导出→导出为"命令，导出便于预览的 JPG 格式文件。

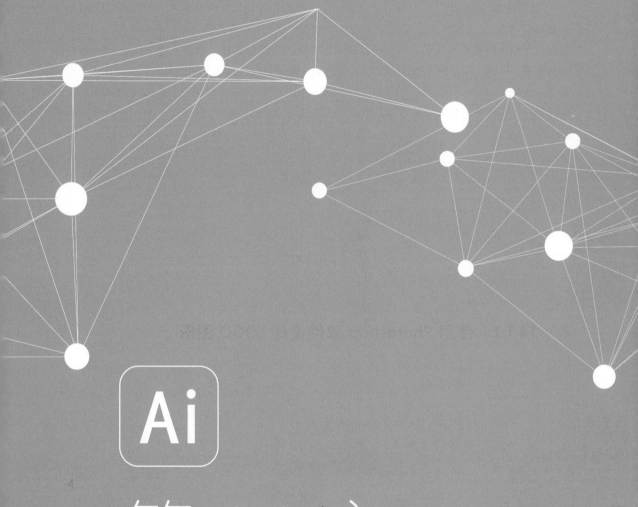

Ai

第 14 章————

将 AI 软件与 PS 软件
相结合设计 LOGO

　　我们在本书中所学的 Illustrator 软件，是一种应用于出版、多媒体和在线图像的工业标准矢量插画的软件。Photoshop 软件（Adobe Photoshop）则主要处理以像素所构成的数字图像，它集成了众多的编修与绘图工具，可以高效地进行图片编辑工作。简单来说，Illustrator 软件处理矢量图，Photoshop 软件处理位图，这两个软件是平面设计师工作时必备的软件。由于二者都是由 Adobe Systems 开发和发行的软件，所以它们之间的文件可以相互导入，并分层编辑。在实际的设计工作中，我们常常会同时用到两个软件。

　　在本章中，我们结合 Illustrator 软件与 Photoshop 软件相互使用，模拟为一家店铺设计LOGO，通过 LOGO 设计衍生品以及展示效果图。

14.1　设计 LOGO

　　在本节中，我们将一起学习 LOGO 的设计，整个 LOGO 分为图形与文字两部分。图形部分以可爱的动物考拉为原型进行设计，在这部分的设计工作中，需要两个软件的配合。

14.1.1　使用 Photoshop 软件设计 LOGO 图形

　　（1）启动 Adobe Photoshop 软件。

　　（2）执行"文件→打开"命令，如图 14-1 所示，画面中有一只考拉的图片，这个素材的格式是 PNG，从 Photoshop 软件的画布中可以看到，考拉周围的背景是由灰白相间的正方形网格组成的，说明这是一个透明的图层，也就是说这只考拉已经被抠过图像了。

　　（3）执行"视图→画板适合窗口大小"命令，调整适合屏幕预览的图像显示比例。

　　（4）按 Ctrl+J 组合键，复制图层，得到名称为"图层 1 拷贝"新图层。使用选择工具（▶）选中该图层，如图 14-2 所示，单击"创建新的填充或调整图层"图标 ◑，然后选择"阈值"选项，在弹出的阈值"属性"面板中将"阈值色阶"调成 159，如图 14-3 所示，此时图稿会形成如图 14-4 所示的画面效果。

图 14-1

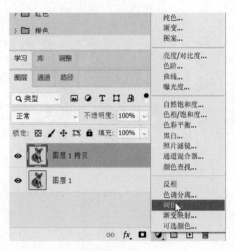

图 14-2

图 14-3　　　　　　　　　　　　　　　　图 14-4

Tips：

在 Photoshop 软件中处理图像时，一般情况下，第一步都是复制图层，然后在复制的图层上进行操作。此举为了防止之后作图遇到问题，下层还有一个备用图像。

（5）选中"图层 1 拷贝"图层，执行"滤镜→锐化→智能锐化"命令，打开"智能锐化"对话框，如图 14-5 所示，将"数量"设为 438，将"半径"设为 1.1，将"减少杂色"设为 20，单击"确定"按钮，会实现如图 14-6 所示的画面效果。

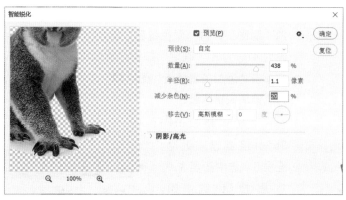

图 14-5　　　　　　　　　　　　　　　　图 14-6

（6）双击"阈值"图层中的"图层缩览图"图标 ，如图 14-7 所示，可以再次打开阈值"属性"面板，将数值设为 145。

（7）选中"图层 1 拷贝"图层，执行"滤镜→锐化→智能锐化"命令，打开"智能锐化"对话框，如图 14-8 所示，将"数量"设为 297，将"半径"

图 14-7

设为 2.3，将"减少杂色"设为 57，单击"确定"按钮，会实现如图 14-9 所示的画面效果。

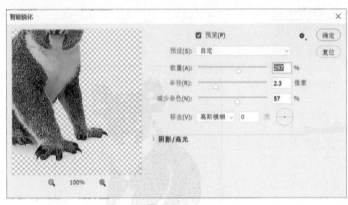

图 14-8

图 14-9

Tips:

在这里调整阈值与智能锐化的操作重复了一次，是因为一次操作不能实现作图目的。如想获得更精确、更理想的画面效果，可重复多次这两步操作，但每次调整的幅度不宜过大。

（8）按 Shift+Ctrl+Alt+E 组合键，进行盖印图层，如图 14-10 所示，图层中会生成一个名称为"图层 2"的新图层。

Tips:

盖印图层就是在处理图片时将处理后的效果盖印到新的图层上，把所有图层拼合后的效果变成一个图层，但是保留了之前的所有图层，并没有真正地拼合图层，方便以后继续编辑个别图层。

图 14-10

（9）执行"选择→色彩范围"命令，打开"色彩范围"对话框，如图 14-11 所示，将"选择"设为"阴影"，将"颜色容差"设为 18，将"范围"设为 47，单击"确定"按钮。然后在"图层"面板中单击"添加矢量蒙版"图标 ，如图 14-12 所示，为其添加矢量蒙版。

（10）按 Shift+Ctrl+N 组合键，新建图层 3。选中图层 3，然后按 Ctrl 键，如图 14-13 所示，单击图层 3 中抓手指向的"图层缩览图"图标，此时考拉的图形会被选中。

（11）单击矩形选框工具 ，将鼠标移动到画布上图像所在的位置，单击鼠标右键，在弹出的快捷

图 14-11

图 14-12

图 14-13

菜单中执行"建立工作路径"命令，如图 14-14 所示，单击"确定"按钮，可以给图形建立路径。
画面效果如图 14-15 所示。

图 14-14

图 14-15

（12）单击"图层"面板中的"创建新的填充或调整图层"图标 ◑ ，在弹出的菜单中执行"纯色"命令，如图 14-16 所示。在弹出的"拾色器"对话框中，在 # 位置处将色号设为 53291A，单击"确定"按钮，如图 14-17 所示。

图 14-16

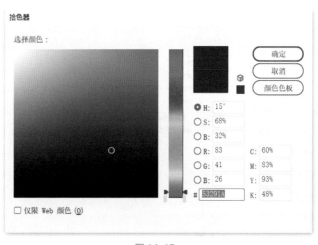

图 14-17

（13）执行"窗口→路径"命令，打开"路径"面板，如图 14-18 所示，此时"工作路径"
是被选中的状态，使用鼠标单击下方空白区域，可取消"工作路径"的选中，此时图稿处理完毕，
如图 14-19 所示，在图层中只显示"颜色填充 1"与"图层 3"，将其他图层前方的 ◉ 图标关掉，
隐藏这些图层。最终画面效果如图 14-20 所示。

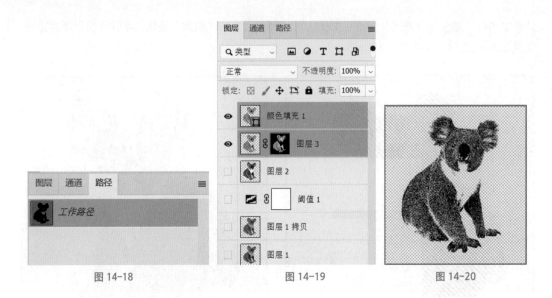

图 14-18   图 14-19   图 14-20

（14）执行"文件→存储为"命令，在弹出的对话框中将"文件名"设为"考拉"，将"保存类型"设为 PNG，单击"保存"按钮，如图 14-21 所示。再次执行"文件→存储为"命令，在弹出的对话框中将"文件名"设为"考拉"，将"保存类型"设为 PSD，单击"保存"按钮，存储源文件。

图 14-21

14.1.2   使用 Illustrator 软件设计 LOGO 图形

（1）启动 Adobe Illustrator 软件。

（2）新建一个 A4 尺寸的文档。执行"文件→新建"命令，在顶部文件类型中选择"打印"标签，选择 A4 选项，颜色模式为 CMYK，光栅效果为 300ppi，单击"创建"按钮。

（3）执行"文件→置入"命令，单击"置入"选项，单击画板的任意位置，可置入考拉素材图，画面效果如图 14-22 所示。

（4）选中考拉素材图，单击顶部导航栏下方"图形描摹"后面的∨图标，执行"16 色"命令，如图 14-23 所示。

图 14-22

图 14-23

（5）执行"对象→图像描摹→扩展"命令。这样一来，位图就被转换成了矢量图。使用直接选择工具（▷）选中背景的白色与考拉脚下影子的灰色，按 Delete 键将其删除，可实现如图 14-24 所示的效果。

（6）选中上图，执行"窗口→路径查找器"命令，打开"路径查找器"面板，如图 14-25 所示，单击"联集"图标▇，将图形进行联集。整个考拉变成了剪影一般的单色图形。

图 14-24

图 14-25

（7）在图形选中的状态下，双击拾色器中的"填色"图标，将其色号设为 DE9F57，如图 14-26 所示，考拉的剪影图形变成了黄色。通过之前所有步骤的操作，我们将一张考拉的实景照片转换成了一张黄色的剪影照片，变化效果如图 14-27 所示。

（8）执行"文件→置入"命令，单击"置入"选项，单击画板的任意位置，可置入上一节在 Photoshop 软件中做好的 PNG 格式图。将两个图形进行对齐，实现图 14-28 右侧图的画面效果，LOGO 的图形部分至此就绘制完成了。

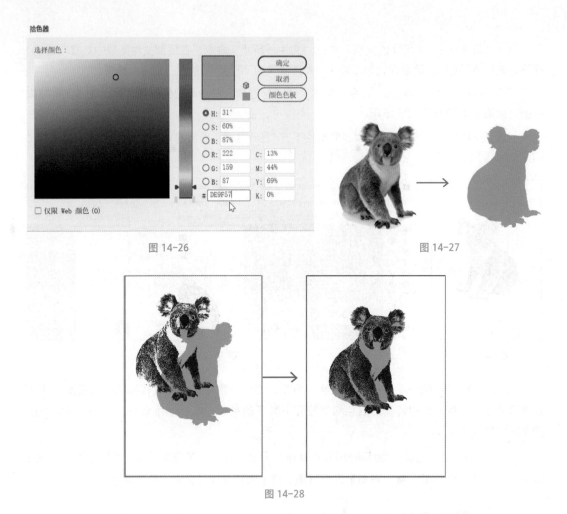

图 14-26

图 14-27

图 14-28

（9）执行"文件→存储为"命令，将图稿存储为名称是"LOGO 图形"的 ai 格式的源文件。

14.1.3　使用 Illustrator 软件设计 LOGO 文字

在编辑 LOGO 的文字方面，我们主要使用 Illustrator 软件进行设计。

（1）启动 Adobe Illustrator 软件。

（2）执行"文件→打开"命令，打开我们上一节做好的 LOGO 图形，将其尺寸等比缩小一些，置于画布的中间位置，画面如图 14-29 所示。

（3）使用椭圆工具（⬭），以考拉图形为中心，画一个只有描边颜色没有填充颜色的椭圆形，画面效果如图 14-30 所示。

（4）在选中椭圆形的状态下，打开工具箱中文字工具（T）的下拉菜单，如图 13-31 所示，选择"路径文字工具"。单击椭圆形的线条，此时椭圆形线条颜色消失了，出现了文字输入的符号，在此输入文字"HANDCRAFTED FINE GOODS"，将字体颜色的色号设为 53291A，可实现如

图 14-32 所示的画面效果。

图 14-29 图 14-30 图 14-31

（5）选中文字，执行"窗口→字体→字符"命令，打开"字符"面板，如图 14-33 所示，选择一款合适的字体，将字号设为 40pt，将字间距设为 140，其他数值不变，画面效果如图 14-34 所示。

图 14-32 图 14-33 图 14-34

（6）使用文字工具（T）输入其他文字信息，使用矩形工具（▣）绘制图形作为装饰，进行图文排版，画面效果如图 14-35 所示。

（7）选中图稿中出现的 3 处文字，单击鼠标右键，在弹出的快捷菜单中执行"创建轮廓"命令。将图稿中所有图形选中，单击鼠标右键，在弹出的快捷菜单中执行"编组"命令，将其进行编组。

（8）使用矩形工具（▣）绘制一个与画布同样尺寸的矩形，色号为 DE9F57，作为画面的背景。使用形状工具绘制一个白色门状的图形，置于 LOGO 的下层。至此，本图稿关于店铺的 LOGO 的设计就完成了，最终画面效果如图 14-36 所示。

（9）执行"文件→存储为"命令，将图稿存储为文件名为 LOGO 的 ai 格式的源文件。执行"文件→导出→导出为"命令，导出文件名为 LOGO 的便于预览的 JPG 格式文件。

图 14-35　　　　　　　　　　　　　　　　图 14-36

14.2　使用 Illustrator 软件设计衍生品

有了店铺 LOGO，我们着手设计相关衍生品，如店铺招牌、明信片与名片等。

14.2.1　店铺招牌设计

（1）启动 Adobe Illustrator 软件。

（2）新建一个 A4 尺寸文档。执行"文件→新建"命令，在"新建文档"对话框的顶部菜单栏单击"打印"标签，然后选择 A4 选项，单击"创建"按钮，如图 14-37 所示。

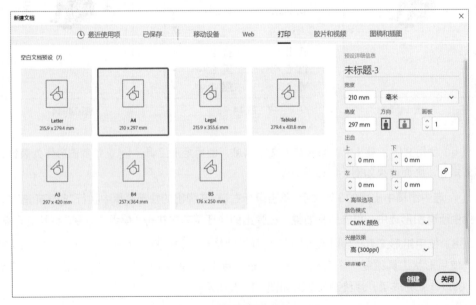

图 14-37

（3）执行"视图→画板适合窗口大小"命令，调整适合屏幕预览的图像显示比例。

（4）双击拾色器的"填色"图标，将色号设置为 de9f57，双击"描边"图标，将其设为

"无"。选择矩形工具（▭），然后在画板空白处单击，在弹出的"矩形"对话框中设置其"宽度"为 210mm，"高度"为 297mm，如图 14-38 所示。单击"确定"按钮，可以绘制一个与画板尺寸一致的黄色矩形，将其与画板进行对齐，画面效果如图 14-39 所示。

（5）使用矩形工具（▭），绘制一个宽度为 210mm、长度为 140mm 的白色矩形，将此图形与上一步绘制的黄色矩形进行顶对齐，画面效果如图 14-40 所示。

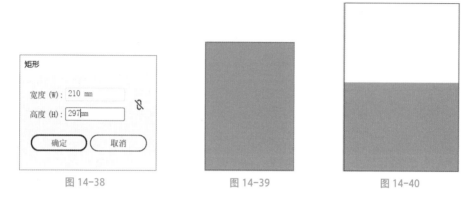

图 14-38　　　　　　　　图 14-39　　　　　　　　图 14-40

（6）执行"文件→打开"命令，打开上一节绘制的 LOGO 源文件。将 LOGO 图形复制，并粘贴在当前文档中，画面效果如图 14-41 所示。

（7）使用椭圆工具（⬭）在 LOGO 下层绘制一个圆形，颜色与背景的黄色一致。画面效果如图 14-42 所示。

（8）使用文字工具（T）添加一些文案，进行图文排版，店铺招牌设计完毕，画面效果如图 14-43 所示。

图 14-41　　　　　　　　图 14-42　　　　　　　　图 14-43

（9）执行"文件→存储为"命令，存储文件名为"店铺招牌"的 ai 格式的源文件。执行"文件→导出→导出为"命令，导出文件名为"店铺 LOGO"的便于预览的 JPG 格式文件。

14.2.2　明信片设计

（1）启动 Adobe Illustrator 软件。

（2）新建一个 A4 尺寸文档。执行"文件→新建"命令，在"新建文档"对话框的顶部菜单栏单击"打印"标签，然后选择 A4 选项，单击"创建"按钮，如图 14-44 所示。

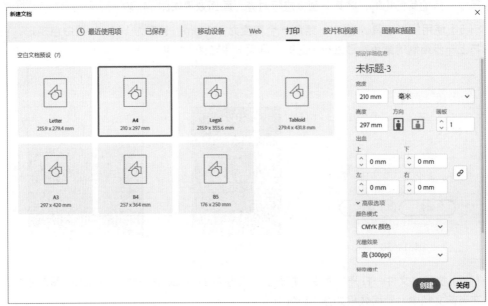

图 14-44

（3）执行"视图→画板适合窗口大小"命令，调整适合屏幕预览的图像显示比例。

（4）双击拾色器的"填色"图标，将色号设置为 de9f57，双击"描边"图标，将其设为"无"。选择工具箱中的矩形工具（▨），然后在画板空白处单击，在弹出的"矩形"对话框中设置其"宽度"为 130mm，"高度"为 90mm，绘制一个黄色矩形，画面效果如图 14-45 所示。将此矩形向下方复制，如图 14-46 所示，图稿中有两个矩形，上面的用来做明信片正面，下面的用来做明信片反面。

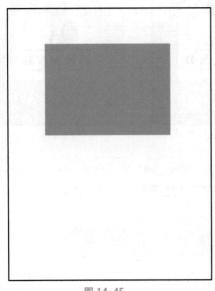

图 14-45

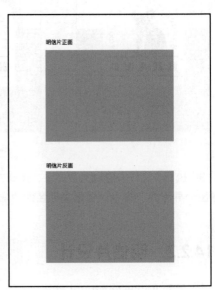

图 14-46

（5）执行"文件→打开"命令，打开之前绘制的 LOGO 源文件。将 LOGO 图形复制，并粘贴在当前文档中，画面效果如图 14-47 所示。

（6）将 LOGO 图形等比缩小，放在图稿中上方矩形的中间位置。使用文字工具（T）输入英文 POSTCARD，放在 LOGO 下方。明信片正面图形绘制完毕，画面效果如图 14-48 所示。

图 14-47

图 14-48

（7）选中图稿下方代表明信片反面的矩形，执行"对象→路径→偏移路径"命令，可打开"偏移路径"对话框，如图 14-49 所示，将"位移"设为 -5mm，选中"预览"复选框可以在图稿中看到图形的变化，单击"确定"按钮，可以看到黄色矩形上方出现了一条收缩过的闭合路径，如图 14-50 所示。将此路径填充为白色，可得到如图 14-51 所示的画面效果。

图 14-49

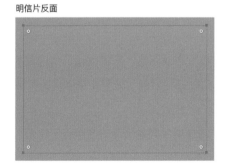

图 14-50

图 14-51

（8）在该图稿两边分别画 5 个白色正方形，使用对齐工具进行对齐，实现如图 14-52 所示的画面效果。可以先绘制左侧的 5 个正方形，然后编组，向右侧对称位置复制来实现图中效果。

（9）如图 14-53 所示，使用直线段工具（／）和矩形工具（▨）设计写字格与贴邮票处方格，使用文字工具（Ｔ）输入文字，完成明信片反面图形的绘制。此时，整个图稿的设计也完成了，整体画面效果如图 14-54 所示。

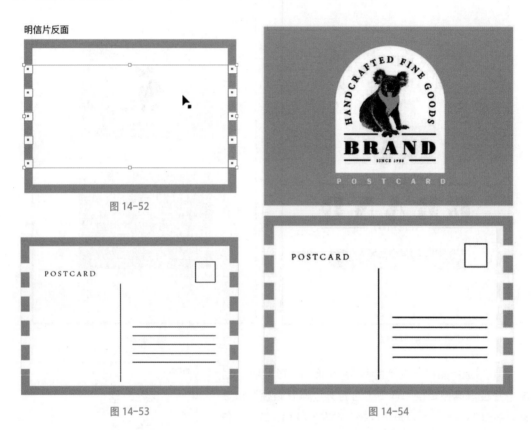

图 14-52

图 14-53　　　　　　　　　　　　　　　图 14-54

（10）执行"文件→存储为"命令，存储文件名为"明信片"的 ai 格式的源文件。执行"文件→导出→导出为"命令，导出文件名为"明信片"的便于预览的 JPG 格式文件。

14.2.3　名片设计

（1）启动 Adobe Illustrator 软件。

（2）新建一个 A4 尺寸文档。执行"文件→新建"命令，在"新建文档"对话框的顶部菜单栏单击"打印"标签，然后选择 A4 选项，注意，此处在"方向"处单击横向的图标，然后单击"创建"按钮，如图 14-55 所示。

（3）执行"视图→画板适合窗口大小"命令，调整适合屏幕预览的图像显示比例。

图 14-55

（4）双击拾色器的"填色"图标，将颜色设为黑色，双击"描边"图标，将其设为"无"。选择矩形工具（▦），然后在画板空白处单击，打开"矩形"对话框，如图 14-56 所示，设置其"宽度"为 54mm，"高度"为 90mm，单击"确定"按钮，可以创建一个矩形框。复制此图形，置于图稿的右方，如图 14-57 所示，图稿中有两个矩形框，左边的用来做名片正面，右边的用来做名片反面。

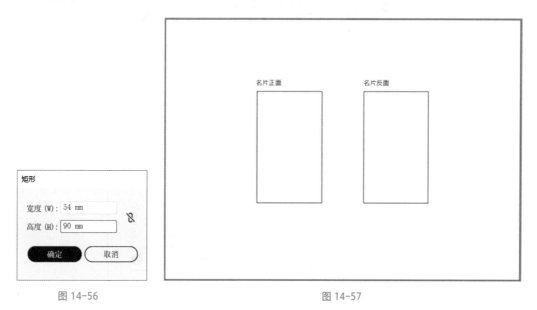

图 14-56　　　　　　　　　　　　　　　　图 14-57

（5）执行"文件→打开"命令，打开之前绘制的 LOGO 源文件。将 LOGO 图形复制，并粘贴在当前文档中，调整其尺寸，将其放在图 14-58 所示的位置。

（6）在图稿左边的矩形框中使用文字工具（T）输入文案，具体排版风格可借鉴图 14-59 所示的画面效果。

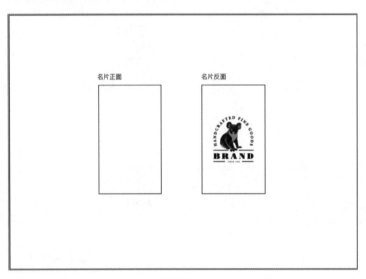

图 14-58   图 14-59

（7）使用钢笔工具（✒）绘制 3 个图标，分别代表联系方式、电子邮箱与网址。图形效果如图 14-60 所示。

图 14-60

（8）将画好的图标等比缩小，放在图 14-59 中的联系方式、电子邮箱与网址文字的前面空白区域。完成名片的设计，最终画面效果如图 14-61 所示。

图 14-61

（9）执行"文件→存储为"命令，存储文件名为"名片"的 ai 格式的源文件。执行"文件→导出→导出为"命令，导出文件名为"名片"的便于预览的 JPG 格式文件。

14.3　使用 Photoshop 软件设计展示效果图

14.3.1　店铺招牌展示效果图

（1）启动 Adobe Photoshop 软件。

（2）新建一个 A4 尺寸文档。执行"文件→新建"命令，在"新建文档"对话框的顶部菜单栏单击"打印"标签，然后选择 A4 选项，在"方向"处选择横向，将"分辨率"设为 150，"颜色模式"为 RGB，单击"创建"按钮，如图 14-62 所示。

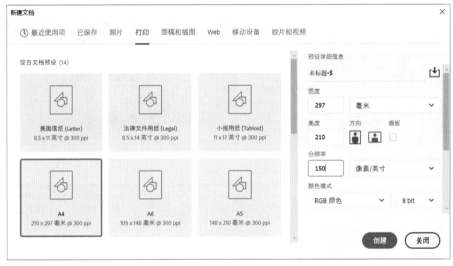

图 14-62

（3）执行"视图→画板适合窗口大小"命令，调整适合屏幕预览的图像显示比例。

（4）执行"文件→置入嵌入对象"命令，置入素材后，按 Enter 键，画面效果如图 14-63 所示。

（5）执行"文件→置入嵌入对象"命令，置入素材后，使用工具箱中的移动工具（ ✛ ）向内侧拖动图片周围任意锚点，将素材图等比缩小，直至素材图顶部的宽度与招牌架子顶部的宽度一致，画面效果如图 14-64 所示。

（6）按 Ctrl 键，使用工具箱中的移动工具（ ✛ ）单击并选中图 14-65 中 A 和 B 处两个锚点，沿箭头所示方向拖动，可实现图片的透视效果，画面效果如图 14-66 所示。

（7）在"图层"面板中选中"店铺招牌"图层，如图 14-67 所示，将混合模式设为"正片叠底"，这样图片的光影效果就趋于真实了。本图稿设计完毕，最终画面效果如图 14-68 所示。

（8）执行"文件→存储为"命令，存储文件名为"店铺招牌效果图"的 PSD 格式源文件。执行"文件→存储为"命令，存储文件名为"店铺招牌效果图"的便于预览的 JPG 格式文件。

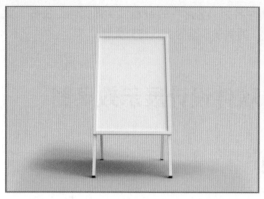

图 14-63

图 14-64

图 14-65

图 14-66

图 14-67

图 14-68

（9）执行"文件→存储为"命令，将图稿存储为 ai 格式的源文件，然后执行"文件→存储为"命令，存储为便于预览的 JPEG 格式文件。

14.3.2　明信片展示效果图

（1）启动 Adobe Photoshop 软件。

（2）执行"文件→打开"命令，画面效果如图 14-69 所示。

（3）启动 Adobe Illustrator 软件。

（4）执行"文件→打开"命令，打开上一节在 Illustrator 软件中制作的明信片源文件，如图 14-70 所示。

（5）使用选择工具（▶）选中明信片反面的图形，按 Ctrl+C 组合键进行复制。然后进入步骤（2）打开的 Photoshop 软件，按 Ctrl+V 组合键进行粘贴，如图 14-71 所示，在弹出的"粘贴"对话框中选中"像素"单选按钮，单击"确定"按钮，将置入的图形与背景图中的白色矩形区域进行对齐，按 Enter 键，得到如图 14-72 所示的画面效果。

（6）使用与上一步相同的方法将明信片正面图形粘贴到 Photoshop 软件中。打开 Illustrator 软件，使用选择工具（▶）选中明信片正面的图形，按 Ctrl+C 组合键进行复制。然后进入步骤（5）打开的 Photoshop 软件，按 Ctrl+V 组合键进行粘贴，在弹出的"粘贴"对话框中选中"像素"单选按钮，单击"确定"按钮，调整图形位置，按 Enter 键，得到如图 14-73 所示的画面效果。

（7）按 Ctrl+T 组合键，使用移动工具将图形旋转一定角度，画面效果如图 14-74 所示。

（8）双击图 14-75 所示红色线框内区域，可以打开"图层样式"对话框。选中"投影"复选框，具体的属性参数设置参见图 14-76，"混合模式"为"正片叠底"，"不透明度"为 85，"角度"为 45 度，"距离"为 4，"扩展"为 13，"大小"为 4。单击"确定"按钮，可以得到如图 14-77 所示的画面效果。至此，明信片展示效果图制作完毕。

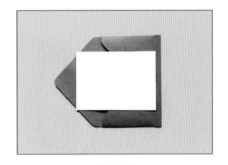

图 14-69

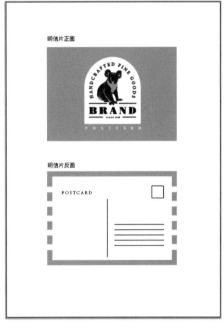

图 14-70

图 14-71

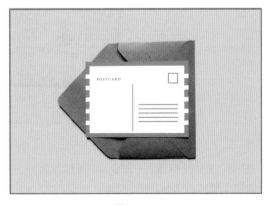

图 14-72

图 14-73

图 14-74

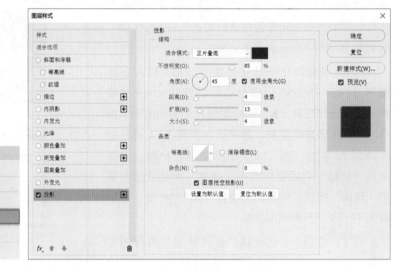

图 14-75

图 14-76

图 14-77

　　（9）执行"文件→存储为"命令，将图稿存储为 ai 格式的源文件，然后执行"文件→存储为"命令，存储便于预览的 JPEG 格式文件。

14.3.3 名片展示效果图

（1）启动 Adobe Photoshop 软件。

（2）执行"文件→打开"命令，画面效果如图 14-78 所示。

（3）启动 Adobe Illustrator 软件。

（4）执行"文件→打开"命令，此文件是上一节在 Illustrator 软件中制作的名片源文件，如图 14-79 所示。

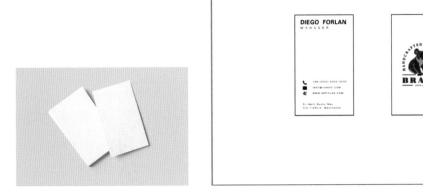

图 14-78   图 14-79

（5）使用选择工具（▶）选中名片反面的图形，按 Ctrl+C 组合键进行复制。然后进入步骤（2）打开的 Photoshop 软件，按 Ctrl+V 组合键进行粘贴，在弹出的对话框中选中"像素"单选按钮，单击"确定"按钮，调整其大小，按 Enter 键，得到如图 14-80 所示的画面效果。

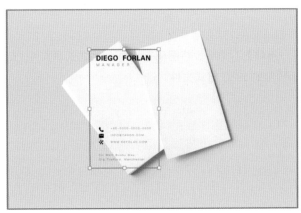

图 14-80

（6）旋转置入名片反面的图形，使其与背景图中左侧矩形进行对齐，然后使用橡皮擦工具（◆）擦除黑色边框线以及右下角覆盖到背景图中右侧矩形区域的文字部分，操作步骤如

图 14-81 所示。

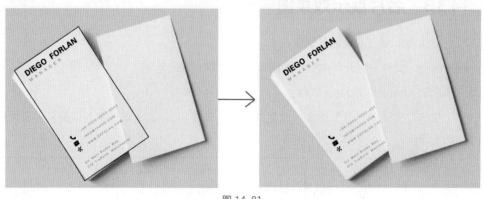

图 14-81

（7）使用同样的方法，将 Illustrator 软件中名片正面的图形粘贴到 Photoshop 软件中的适合位置，完成名片展示效果图的制作，最终画面效果如图 14-82 所示。

图 14-82

（8）执行"文件→存储为"命令，将图稿存储为 ai 格式的源文件，然后执行"文件→存储为"命令，存储为便于预览的 JPEG 格式文件。

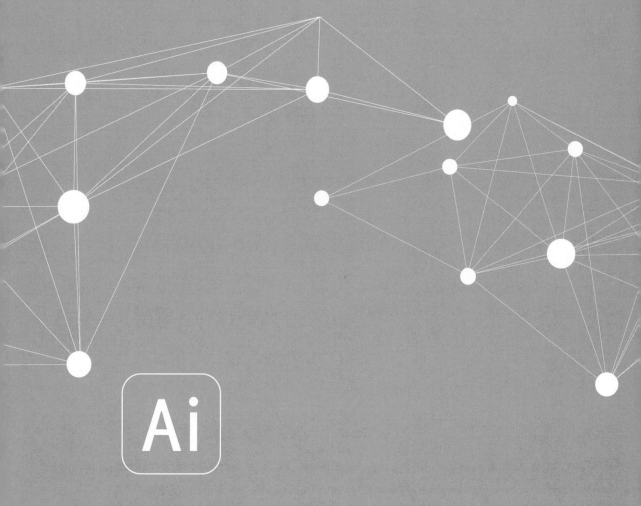

Ai

附录————————

Adobe Certified Professional 介绍

1．Adobe Certified Professional 国际认证介绍

Adobe Certified Professional（www.adobeacp.com）是面向全球设计师、学生、教师及企业技能岗位的国际认证及考核测评体系，由 Adobe 全球 CEO 签发。全球 148 个国家均有进行，共 13 种语言版本。

2．Adobe Certified Professional 认证讲师介绍

教师是教育改革的践行者，教学质量的保障者，教学水平的代表者，教书育人的实施者。Adobe Certified Professional 中国运营管理中心作为 Adobe Certified Professional 在中国教育计划的运营、维护、组织、宣传和实践者，高度重视教师培训。秉承"以产业促教育改革，以教育助产业腾飞"的宗旨，将 Adobe 的最新技术和行业应用及时传导到学校，进入课堂传授给学生，培养出掌握最新科技和行业应用，具有较高竞争力，满足行业（企业）需要的应用型专业人才，为中国数字媒体产业的发展做出贡献。

3．Adobe Certified Professional 世界大赛介绍

Adobe Certified Professional 世界大赛（Adobe Certified Professional World Championship）是一项在创意领域，面向全世界 13 ～ 22 岁青年群体的重大竞赛活动，赛事每年举办一届，自 2013 年举办以来，已成功举办 9 届，每年 Adobe Certified Professional 世界大赛吸引超过 70 个国家和地区及 30 余万名参赛者。

Adobe Certified Professional 世界大赛中国赛区由 Adobe Certified Professional 中国运营管理中心主办，通过赛事的组织为创意设计领域和艺术、视觉设计等专业的青少年群体提供学术技能竞技、展现作品平台和职业发展的机会。

4．院校合作的项目介绍

创意设计人才培养计划是 Adobe Certified Professional 中国运营管理中心为合作院校提供以 Adobe 先进技术和行业标准为核心打造的人才培养计划，旨在推动全国院校快速培养创新型、复合型、应用型的创意设计人才，提升中国创意设计"硬实力"。通过科学评测 Adobe 原厂软件技能和系统学习【行业大师课】行业知识双层加持，最终获得职业能力认定证书和职业推荐信，从而打通学生实习和就业的行业壁垒，建立「软件技能」「行业教学」「考评体系」「实习就业」的全闭环生态链。

5．院校教师培训介绍

深入贯彻《中共中央、国务院全面深化新时代教师队伍建设改革的意见》，落实《全国职业院校教师教学创新团队建设方案》、《深化新时代职业教育"双师型"教师队伍建设改革实施方案》通知精神，加快构建高质量高等教育体系。Adobe Certified Professional 中国运营管理中心联合院校及行业专家，基于任务驱动培训模式，通过在线点播、直播授课、集中实训方式进行。围绕立德树人根本任务，结合企业真实项目传授先进理念、经验、技术和方法，示范带动高等学校相关专业教师、教法关键要素改革，提升教师教育教学质量。

Adobe Certified Professional 考试

Adobe Certified Professional 是面向设计师、学生、教师及企业技能岗位的国际认证及培训体系。该认证是基于 Adobe 核心技术及岗位实际应用操作能力的测评体系，自进入中国以来，得到了广大行业用户及院校师生的认可，成为视觉设计、平面设计、影视设计、网页设计等岗位培训及技能测评考核的重要参考依据。

1. 认证考试介绍

Adobe Certified Professional 分为产品技能认证和职业技能认证两类。获得 Adobe Certified Professional 认证，标识着用户能够熟练使用软件，具备开展设计工作和进行产品交付的能力。

Adobe Certified Professional 技能认证：通过 Adobe 产品系列（Photoshop、Illustrator、Indesign、Premiere、After Effect、Animate、Dreamweaver）任一认证考试，即可取得 Adobe Certified Professional 技能证书。

职业技能认证专家：根据不同的行业领域所需，按以下要求取得两个以上认证专家证书，可同时取得视觉设计认证专家、影视设计认证专家、网页设计认证专家证书。

视觉设计认证专家 =Photoshop 认证专家（必需）+Illustrator 或 InDesign 认证专家

影视设计认证专家 =Premiere Pro 认证专家（必需）+Photoshop 或 After Effects 认证专家

网页设计认证专家 =Dreamweaver 认证专家（必需）+Photoshop 或 Animate 认证专家

视觉设计认证专家
面向平面广告、出版印刷等

影视设计认证专家
面向影视制作、视频剪辑等

网页设计认证专家
面向网页设计、前端制作等

2. 认证考试模拟题

Adobe Certified Professional 认证考试可通过线上及线下考试的形式，试题由世界领先的评估专家开发，可全方位测试用户在设计领域熟练应用 Adobe 软件的各项能力，扫码左侧二维码即可进入考试报名页面。

扫码报名考试

每科考试由 33 ～ 50 道题组成，包括选择判断题、情景题、实操题，考试时间为 50 分钟，成绩总分为 1000 分，获得证书最低成绩分为 700 分。

模拟题参考样例如下。

客观题 1

下列哪个功能允许你编辑组中的单个对象，同时容易区分其他未选中的对象？

A．魔棒工具

B．实时上色选择工具

C．编组选择工具

D．隔离模式

答案：D

解析：【隔离模式】可让你快速将一个图层、子图层、路径或一组对象与文档中的其他所有图稿隔离开来。在隔离模式下，文档中所有未隔离的对象都会变暗，并且不可对其进行选择或编辑。

客观题 2

印刷 Illustrator 项目时，以下哪项是正确的？

A．打印机的分辨率直接影响打印图像的大小和质量

B．Illustrator 文件无法使用三原色打印

C．不能直接从 Illustrator 中打印

D．无论使用那种印刷机都没有尺寸限制

答案：A

解析：打印机的分辨率又称为输出分辨率，是指在打印输出时横向和纵向两个方向上每英寸最多能够打印的点数。这是衡量打印机打印质量的重要指标，它决定了打印机打印图像时所能表现的精细程度，它的高低对输出质量有重要的影响，因此在一定程度上来说，打印分辨率也就决定了该打印机的输出质量。分辨率越高，其反映出来可显示的像素个数也就越多，可呈现出更多的信息和更好更清晰的图像。

客观题 3

哪种图像最能代表三分法则？

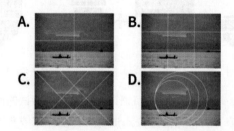

答案：B

解析：三分法是一种在摄影、绘画、设计等艺术中经常使用的构图手段，有时也称作井字构图法。三分法构图是指把画面横分三分，每一分中心都可放置主体形态，这种构图适宜多形态平行焦点的主体。将场景用两条竖线和两条横线分割，就如同是书写中文的"井"字。这样就可以得到 4 个交叉点，然后再将需要表现的重点放置在 4 个交叉点中的一个即可。

操作题 1

给需要打印的页面增加 3 毫米的出血，来确保正确打印到页面的全边。

解析：

1. 在【文件】菜单中选择【文档设置】命令。

2. 在【文档设置】对话框的【单位】下拉列表框中选择【毫米】。

3. 在【出血】文本框中输入 3mm。

操作题 2

将枫叶的角度改为 240°。将枫叶叶面的填充颜色改为色板中的颜色（C=0，M=35，Y=85，K=0）。

解析：

1. 选择【枫叶】图层，选择【对象】→【变换】→【旋转】命令。

2. 在【旋转】对话框中设置【角度】为 240°，单击【确定】按钮。

3. 选中【叶面】图层，在【色板】面板中选择颜色 C=0，M=35，Y=85，K=0。

操作题 3

将文档中蓝绿色圆形的色彩模式转换为 RGB，然后将 RGB 值更改为 224、140、70。

解析：

1. 单击并选取蓝绿色圆圈形状。

2. 在【颜色】面板中单击【颜色】选项并选择 RGB。

3. 更改 RGB 数值为 224、140、70。

清大文森学堂设计学堂

　　清大文森学堂一直秉持着"直播辅导答疑，打破创意壁垒，一站式打造卓越设计师"的理念，为广大师生校友服务。学堂提供了 Adobe Certified Professional 国际认证考试的考前辅导课，以及 UI 设计、电商设计、影视制作训练营以及平面、剪辑、特效、渲染等大咖课。课程覆盖了各个难度的案例、实用建议和练习素材，紧贴实际工作中常见问题，读者可以全方位地学习，学到真正的就业技能。

扫码了解详情